Enfermedad Pulmonar 101:

Manual básico del paciente

Arunabh Talwar, M.D., F.C.C.P.

Coeditores

Sonu Sahni, M.D.

José Cárdenas García, M.D.

CHEST™
FOUNDATION

This project has been made possible by the CHEST Foundation

The American College of Chest Physicians has supported this projected by awarding it a Community Service Grant to support the community and humanitarian efforts put forth in the field of chest medicine.

Este proyecto ha sido posible gracias a la Fundación CHEST.

El American College of Chest Physicians ha respaldado este proyecto otorgándole un subsidio para servicios comunitarios para financiar los esfuerzos comunitarios y humanitarios propuestos en el campo de las enfermedades del tórax.

Descargo de responsabilidad

Este libro no pretende reemplazar el consejo de un médico. Si bien los que escriben este libro son profesionales médicos, nada puede sustituir la asistencia médica personalizada. Cada persona tiene necesidades particulares y no todo lo que se establece en este libro se aplicará a su salud personal. Debe consultarle a su médico antes de realizar cualquier cambio en su asistencia médica o de seguir cualquier consejo que encuentre en este libro.

Índice

Capítulo 1

Nociones básicas sobre la respiración

"La respiración es el puente que conecta la vida con la conciencia, que une el cuerpo con sus ideas".

Thich Nhat Hanh (nacido en 1926)

Comencemos con una revisión de los mecanismos y componentes anatómicos básicos de la respiración. Las funciones principales de los pulmones son ayudarnos a inhalar aire, enviar oxígeno a la sangre y facilitar la eliminación de dióxido de carbono del cuerpo.

Estructuras anatómicas de los pulmones

Vías respiratorias superiores
Incluyen la nariz, la boca y la garganta. El aire se calienta, filtra y humedece en estas estructuras a medida que transita por las vías respiratorias superiores.

Tráquea
También conocida como tubo aéreo, es una estructura similar a un tubo que permite que el aire transite entre la garganta y los pulmones.

Bronquios
Son las dos ramificaciones principales de la tráquea que se dirigen hacia los pulmones derecho e izquierdo. A su vez, los bronquios se subdividen en los pulmones conformando el árbol bronquial.

Bronquiolos
Son las ramificaciones más pequeñas de los bronquios.

Alvéolos
Son estructuras que se asemejan a sacos ubicadas en el extremo de los bronquiolos. Poseen una pared delgada que permite el intercambio de oxígeno y dióxido de carbono entre los pulmones y el torrente sanguíneo.

Intersticio

Se denomina intersticio al espacio entre dos alvéolos en el que se encuentran pequeños vasos sanguíneos (capilares).

Membrana mucosa

Es una membrana delgada que recubre las vías respiratorias y se extiende desde la nariz hasta los pequeños bronquios cubiertos por las glándulas mucosas. El moco es una sustancia viscosa que producen las vías respiratorias para facilitar la eliminación de polvo, bacterias y otras partículas pequeñas.

Diafragma

Es un músculo grande que separa la cavidad abdominal del tórax y constituye el músculo principal para la respiración.

La función principal de los pulmones es incorporar el oxígeno proveniente del aire al cuerpo y eliminar el dióxido de carbono. El oxígeno funciona como combustible para el cuerpo, mientras que el dióxido de carbono es un producto de desecho. El aire ingresa a los pulmones a través de las vías respiratorias superiores y llega hasta los sacos de aire (alvéolos). Los alvéolos están rodeados por numerosos vasos sanguíneos pequeños conocidos como capilares. Es en este lugar, en el punto de encuentro entre los vasos sanguíneos y los alvéolos, donde se oxigena la sangre y se elimina y exhala el dióxido de carbono.

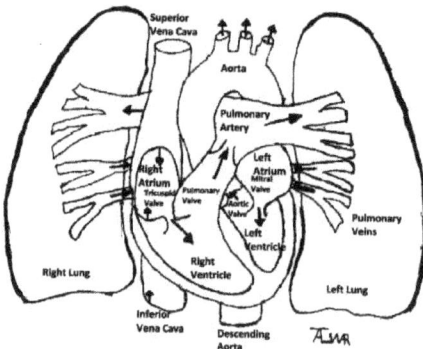

Superior Vena Cava	Vena cava superior
Aorta	Aorta
Pulmonary Artery	Arteria pulmonar
Right Atrium	Aurícula derecha
Tricuspid Valve	Válvula tricúspide
Pulmonary Valve	Válvula pulmonar
Aortic Valve	Válvula aórtica
Left Atrium	Aurícula izquierda
Mitral Valve	Válvula mitral
Right Ventricle	Ventrículo derecho
Left Ventricle	Ventrículo izquierdo
Pulmonary Veins	Venas pulmonares
Right Lung	Pulmón derecho
Left Lung	Pulmón izquierdo
Inferior Vena Cava	Vena cava inferior
Descending Aorta	Aorta descendente

El pulmón normal posee un mecanismo para protegerse de partículas extrañas. Las glándulas mucosas y otras estructuras con aspecto de pelos, llamadas cilios, se encuentran en las paredes que recubren los bronquios. Cuando una partícula extraña ingresa al pulmón, es atrapada por una manta de moco; y los movimientos ondulatorios de los cilios la desplazan hacia arriba, fuera de los pulmones y hacia la boca, donde se la exhala al toser.

Capítulo 2

Enfermedades de los pulmones

"Sostengo que al perder la rueca, perdimos nuestro pulmón izquierdo. Por lo tanto, sufrimos de tuberculosis pulmonar. La restauración de la rueca detendrá el avance de la letal enfermedad".

Mahatma Gandhi (1869-1948)

Existen muchos tipos de enfermedades pulmonares. Repasemos algunas de las enfermedades pulmonares más comunes que se convierten en enfermedades crónicas. Todas las enfermedades pulmonares crónicas, si no se tratan, ocasionan una falta de aliento (*shortness of breath*, SOB) progresiva. A continuación, encontrará algunos ejemplos de enfermedades pulmonares.

Tabla 1: Ejemplos comunes de enfermedades pulmonares.

Enfermedades de las vías respiratorias superiores	Infección de los senos nasales y las amígdalas.
Enfermedades de las vías respiratorias inferiores	Enfermedades que involucran la tráquea, los bronquios y los bronquiolos, enfermedad pulmonar obstructiva crónica (EPOC), asma, bronquiectasia (inflamación y dilatación de las vías respiratorias).
Arteria pulmonar	Hipertensión arterial pulmonar, embolia pulmonar.
Pleura	Derrame pleural: acumulación de líquido en la pleura, una estructura que rodea el pulmón.
Alvéolos	Neumonía, gripe viral.
Intersticio	Enfermedades pulmonares intersticiales.

Enfermedad pulmonar obstructiva crónica (EPOC)

La enfermedad pulmonar obstructiva crónica (EPOC) hace referencia a una afección de los pulmones que dificulta la respiración.

En esta afección, las vías respiratorias se estrechan debido a una inflamación o a un espasmo de las mismas (broncoespasmo). Cuando una persona inhala, el tórax se expande y, de este modo, se crea un vacío que hace que el aire ingrese en los pulmones y provoca que las vías respiratorias se abran. Durante la exhalación, el volumen del tórax disminuye y las vías respiratorias (ya estrechas) colapsan y atrapan el aire en los alvéolos. De esta forma, el aire entra de manera más libre de la que sale y el volumen residual de los pulmones (la cantidad de aire atrapado que contienen) aumenta. Disminuye la capacidad vital (la cantidad máxima de aire que puede expulsar de los pulmones una persona después de una inhalación máxima). El aire nuevo que ingresa con la siguiente inspiración se mezcla con el aire retenido. Esto provoca una disminución de la concentración de oxígeno en los alvéolos y una reducción de la cantidad de oxígeno que se envía a los tejidos.

La EPOC es una afección progresiva que es reversible en cierto modo, pero no por completo. Sin embargo, si recibe tratamiento adecuado y realiza cambios en su estilo de vida, puede desacelerar el daño y mejorar su función pulmonar, lo que lo ayudará a toser menos, respirar de manera más eficaz y sentirse mejor.

Enfermedad = dolencia
Pulmonar = de los pulmones
Obstructiva = produce un bloqueo en las vías respiratorias
Crónica = siempre presente en cierto grado

Los síndromes más comunes son la bronquitis crónica y el enfisema. Tenga en cuenta que muchas veces ambos aparecen juntos, por lo que un paciente diagnosticado con EPOC puede tener tanto enfisema como bronquitis de manera simultánea.

Bronquitis crónica

Esta enfermedad pulmonar causa inflamación en las vías respiratorias y sobreproducción de moco. El estrechamiento por la inflamación y la obstrucción por moco pueden obstaculizar las vías respiratorias, dificultando la respiración. El exceso de moco es una característica común de esta enfermedad. La bronquitis crónica ocurre como resultado de la irritación constante de las vías respiratorias debido al humo del cigarrillo u otras sustancias inhaladas. Se desarrolla una tos constante como intento de eliminar el exceso de moco de los pulmones. A pesar de que todos tosemos, los pacientes con bronquitis crónica tienen una tos con exceso de moco al menos durante tres meses al año durante dos años consecutivos.

Enfisema

El enfisema causa inflamación y daño en las frágiles paredes de los sacos de aire ubicados en la parte más profunda de los pulmones. Este daño estructural hace que los sacos de aire y las pequeñas vías respiratorias de los pulmones colapsen al exhalar. La irritación constante debido al humo y otros agentes contaminantes daña las vías respiratorias, provocando que se estrechen y limitando así el paso del aire que sale de los pulmones. Como resultado, el aire queda atrapado dentro de los alvéolos, lo que provoca que se distiendan y, con el tiempo, se rompan. Estos alvéolos dañados proporcionan una superficie menor para el intercambio de oxígeno y dióxido de carbono, lo que ocasiona una respiración menos eficaz.

El tabaquismo es, abrumadoramente, la causa más común del enfisema en todo el mundo. La exposición ocupacional a polvos y el aire interior contaminado por el uso de combustibles de biomasa para cocinar también puede causar enfisema. Mientras que la bronquitis crónica es una enfermedad de las vías respiratorias, el enfisema es una enfermedad de los sacos de aire o alvéolos.

Otra causa poco común del enfisema se relaciona con una afección genética que provoca una insuficiencia de una enzima específica que repara el pulmón, que ocurre solamente en el 0,03 % de la población de los Estados Unidos. La deficiencia del inhibidor de la proteasa alfa-1 o de la alfa-1 antitripsina (AAT) es un trastorno genético o hereditario provocado por una falta de AAT, la cual se produce mayormente en el hígado. Esta enzima permite el mantenimiento de la elasticidad apropiada de los pulmones y evita su degradación. En los pulmones normales, la alfa-1 antitripsina protege el tejido pulmonar atrapando y destruyendo estas enzimas de las células inflamatorias antes de que tengan la oportunidad de provocar un daño. Determinadas mutaciones genéticas pueden provocar una forma anormal de la alfa-1 antitripsina que se queda en el hígado y no puede ingresar al torrente sanguíneo. Es posible que la cantidad real de alfa-1 producida sea cercana a la normal, pero el hígado no secrete suficiente hacia el torrente sanguíneo. Además, la alfa-1 anormal es defectuosa en la mayoría de los casos. Diferentes mutaciones provocan distintas variedades de este trastorno, algunas más graves que otras.

Cuando los pulmones no tienen una cantidad suficiente de alfa-1 antitripsina, el tejido pulmonar queda particularmente vulnerable a estas enzimas debido a que los pulmones están constantemente expuestos a las toxinas del medio ambiente. Esto provoca una enfermedad pulmonar, más comúnmente el enfisema. A pesar de que el mecanismo es diferente al del enfisema relacionado con el cigarrillo, el resultado final y la sintomatología son los mismos. El tratamiento se focaliza en la detección temprana y la desaceleración del avance de la enfermedad con inhaladores broncodilatadores y antibióticos. Si desarrolla infecciones pulmonares, es posible que los médicos le receten una terapia de reemplazo o aumento de la AAT.

¿Cuáles son los síntomas de la EPOC?

- Tos con moco permanente.
- Falta de aliento o sibilancias, que podrían comenzar al hacer ejercicio.
- Es posible que sienta que le falta el aliento al hacer ejercicio, incluso al caminar a una velocidad relajada, o al realizar actividades cotidianas simples.
- Quizás le lleve más tiempo recuperarse de las infecciones pulmonares.

Es posible que tenga EPOC incluso si no presenta síntomas. Generalmente, los síntomas más graves implican un mayor daño pulmonar. Los pacientes con EPOC son más propensos a desarrollar infecciones graves de las vías respiratorias superiores e inferiores o insuficiencia respiratoria crónica. Su médico puede realizarle simples pruebas de respiración para evaluar mejor la gravedad de su enfermedad.

¿Cuál es el tratamiento para la EPOC?

El tratamiento de la EPOC comprende cuatro componentes principales:

- Evitar fumar (consulte el Capítulo 10: Los pulmones y el tabaco).
- Mantener las vacunas al día (contra la influenza y el neumococo).
- Medicamentos a largo plazo: controladores a largo plazo que incluyen esteroides y anticolinérgicos (consulte el Capítulo 4: Medicamentos para las enfermedades pulmonares). Los medicamentos controladores se utilizan diariamente durante un período para minimizar los síntomas.
- Rehabilitación pulmonar.
- En casos poco comunes, es posible que se necesite una intervención quirúrgica. Su médico le hablará con mayor detalle acerca de esta opción.

Asma

El asma es una enfermedad pulmonar crónica que provoca episodios de opresión en el pecho, sibilancias y falta de aliento. Aproximadamente 34 millones de personas padecen sibilancias y molestias a causa del asma en los Estados Unidos. Los síntomas se deben principalmente a la opresión de los músculos que rodean las vías respiratorias, la inflamación y la irritación de las vías respiratorias de los pulmones.

¿Cuáles son las causas del asma?

La incidencia del asma ha aumentado considerablemente durante las últimas décadas. Si bien se desconoce la causa precisa del asma, muchos creen que los siguientes factores pueden contribuir al desarrollo de esta enfermedad:

- La atopia, o una tendencia hereditaria a desarrollar alergias.
- Antecedentes familiares de asma o alergia.
- La contracción de determinadas infecciones respiratorias virales durante la primera infancia.

- La exposición a algunos alérgenos transportados por el aire (polen, humo, caspa de las mascotas, etc.) y otros alérgenos como los ácaros del polvo o el moho interior.
- Vías respiratorias hiperreactivas (respuesta exagerada de las vías respiratorias a los estímulos).

Los síntomas del asma fluctúan con el transcurso del tiempo y el tratamiento se focaliza en la prevención, el control y la reducción de la reactividad e inflamación de las vías respiratorias.

¿Cuáles son los síntomas del asma?

Debido a la constricción y a la inflamación, los pacientes pueden experimentar algunos o todos los siguientes síntomas clásicos del asma:

- Sibilancias
- Opresión en el pecho
- Falta de aliento
- Tos crónica

Todos los casos de asma son diferentes y cada persona puede manifestar síntomas distintos. Algunos tipos comunes de asma son los siguientes:

Asma alérgico (extrínseco): es el tipo más común de asma; se desencadena por la reacción a alérgenos ambientales. Algunos alérgenos comunes son el polen, la ambrosía, la caspa de las mascotas y el humo del cigarrillo.

Asma variante con tos: las personas con este tipo de asma experimentan una tos seca o no productiva en lugar de sibilancias u opresión en el pecho.

Asma inducida por el ejercicio: en este caso, las personas experimentan síntomas antes o después de realizar ejercicio o esfuerzo.

Asma nocturna: los síntomas ocurren entre las 10 de la noche y las 2 de la mañana. Generalmente, impiden dormir y son el resultado de la disminución de una hormona, que interrumpe el ritmo de sueño natural del cuerpo.

Asma ocupacional: en esta afección, los síntomas surgen como resultado de la exposición a desencadenantes en el lugar de trabajo. Comúnmente se observa en criadores de animales, peluqueros, enfermeros, etc. Los síntomas se exacerban durante el trabajo y disminuyen al estar fuera del lugar de trabajo.

¿Cómo se diagnostica el asma?
El diagnóstico del asma requiere 2 criterios específicos, uno de los cuales es la presencia de síntomas compatibles con la enfermedad. Además, se necesita una medición objetiva de la disminución del flujo de aire en los pulmones mediante una medición específica llamada flujo espiratorio máximo y evaluaciones de las funciones pulmonares del paciente.

¿Cuál es el tratamiento para el asma?

El tratamiento para el asma involucra tres componentes principales:

- Evitar los desencadenantes. El primer paso consiste en reconocer los factores desencadenantes y minimizar la exposición a dichos factores. Esto es esencial para controlar los síntomas del asma.
- Tratamiento con medicamentos. El tratamiento se clasifica en dos categorías: *controladores a largo plazo* e *inhaladores de rescate*. Los medicamentos controladores se utilizan diariamente durante un período para minimizar los síntomas y reducir la inflamación crónica asociada al asma. Los inhaladores de rescate son fármacos broncodilatadores que mejoran de manera instantánea los síntomas de sibilancias. Los medicamentos de rescate son aquellos que se utilizan específicamente cuando se exacerba el asma y se produce un ataque de asma. Los medicamentos controladores pueden presentarse en forma de inhaladores o medicamentos orales. Por supuesto que incluso al utilizar medicamentos controladores diariamente, debe llevar siempre consigo un inhalador de rescate para aliviar los síntomas con rapidez. En algunos pacientes, el tratamiento puede focalizarse en la prevención de la respuesta inmunitaria del cuerpo a los desencadenantes de la alergia. Es posible que los médicos utilicen inyecciones de anticuerpos para prevenir el asma asociado a las alergias.
- Control del flujo espiratorio máximo y de los síntomas del asma. Más allá de los medicamentos, también pueden realizarse cambios en el estilo de vida para minimizar el impacto de los síntomas del asma.

Bronquiectasia

La bronquiectasia es una afección en la que el daño en las vías respiratorias provoca que estas se dilaten, con lo cual se tornan flácidas y presentan cicatrices. Generalmente, es el resultado de una infección, una afección que lesiona las vías respiratorias o que les impide eliminar el moco. Cuando el moco no puede eliminarse, se acumula y crea un ambiente en el que pueden crecer bacterias, lo que ocasiona infecciones pulmonares graves recurrentes.

Cada infección provoca un aumento progresivo del daño en las vías respiratorias. Con el transcurso del tiempo, las vías respiratorias pierden su capacidad para inhalar y exhalar aire, lo que puede impedir la oxigenación adecuada de los órganos. La bronquiectasia puede provocar problemas de salud graves, como insuficiencia respiratoria, colapso recurrente de las vías respiratorias y neumonía.

Manejo de la bronquiectasia

La bronquiectasia no se puede curar. Sin embargo, con una asistencia adecuada la calidad de vida no se ve afectada. El diagnóstico y el tratamiento tempranos de la bronquiectasia son importantes. El principio subyacente de la terapia es evitar el aumento de las cicatrices y la recurrencia de infecciones. Es importante estar al día con las vacunas contra la influenza y el neumococo. Cuanto más temprano comience el tratamiento de la bronquiectasia y cualquier afección médica asociada subyacente, mejores son las probabilidades de evitar un mayor daño a los pulmones.

Neumonía

La neumonía es una infección pulmonar común provocada por bacterias, virus u hongos. La neumonía y sus síntomas pueden variar de leves a graves. La mayoría de los pacientes presentan fiebre, escalofríos, temblores y cansancio excesivo. Se necesita una radiografía de tórax para diagnosticar esta enfermedad.

La causa más común de la neumonía bacteriana en adultos es el *streptococcus pneumoniae* (neumococo), pero hay una vacuna disponible para este tipo de neumonía. Existen otras bacterias que pueden causar infecciones pulmonares que quizás presenten características atípicas denominadas neumonías atípicas (también llamadas neumonías errantes). Estas son causadas por bacterias tales como *legionella pneumophila, mycoplasma pneumoniae* y *chlamydia pneumoniae.*

Los pacientes necesitan antibióticos para tratar la neumonía. El tratamiento depende de la causa de la neumonía, de la gravedad de los síntomas y de su edad y salud general. Si bien la mayoría de los casos de neumonía puede tratarse de manera ambulatoria, los casos graves requieren hospitalización. La mayoría de las personas sanas se recuperan de una neumonía en una a tres semanas, pero la neumonía puede poner en peligro la vida. Lo bueno es que puede prevenirse vacunándose contra la gripe una vez al año (ya que la gripe muchas veces ocasiona una neumonía), lavándose las manos con frecuencia y, para las personas con alto riesgo, vacunándose contra la neumonía neumocócica.

El virus de la gripe es la causa más común de la neumonía viral en adultos. Otros virus que pueden causar neumonía incluyen el virus sincicial respiratorio, el rinovirus, el virus del herpes simple, el síndrome respiratorio agudo grave (*severe acute respiratory syndrome*, SRAG), entre otros.

Resfriado o gripe

La influenza o gripe es una infección viral que ataca el sistema respiratorio: la nariz, la garganta, los bronquios y los pulmones. La gripe representa un riesgo mayor para los adultos de edad avanzada, los bebés y las personas que tienen diabetes, enfermedad cardíaca o pulmonar crónica o una deficiencia del sistema inmunitario. Con frecuencia se utiliza erróneamente el término gripe para referirse a dolencias intestinales que no constituyen una gripe como la gastroenteritis, una afección que provoca diarrea, náuseas y vómitos. Puede resultar difícil determinar si una persona tiene gripe debido a que muchos de los síntomas de esta enfermedad son similares a los de un resfriado común. Un resfriado es una infección viral de las vías respiratorias superiores (la membrana mucosa) o la nariz, la garganta y las vías respiratorias que se dirigen a los pulmones y es provocada por el rinovirus. La gripe (fiebre, escalofríos, temblores, dolor de cabeza, fatiga) generalmente ocurre de forma repentina después de un período de incubación de aproximadamente uno a cuatro días. Los síntomas de la gripe duran alrededor de una semana. Existen cinco pruebas disponibles que su médico puede utilizar para diagnosticar la gripe:

- Análisis rápidos para detectar los virus de la influenza A y B.

- Análisis rápido para detectar el virus sincicial respiratorio (*respiratory syncytial virus*, VSR).
- Prueba de inmunofluorescencia directa del esputo.
- Cultivo de una muestra respiratoria.
- Panel viral respiratorio mediante la reacción en cadena de la polimerasa (*polymerase chain reaction*, PCR).

Los análisis rápidos para detectar los virus de la influenza A y B se utilizan durante la temporada de gripe y ofrecen resultados dentro de un período de tiempo corto, pero no son tan sensibles, es decir capaces de detectar muchos virus diferentes, como las otras pruebas. En un caso presunto de gripe, se obtiene una muestra nasofaríngea para su análisis rápido. Si este es negativo, generalmente se vuelve a analizar la muestra mediante un cultivo viral o panel viral respiratorio mediante la PCR. Los resultados de un cultivo pueden demorar entre 2 y 3 días pero esta prueba es más sensible y puede detectar una mayor cantidad de tipos de virus que las pruebas rápidas. El panel viral respiratorio mediante la PCR es un análisis molecular que utiliza la PCR para ampliar el ADN o ARN de los virus respiratorios presentes en el hisopado nasofaríngeo o la muestra de esputo del paciente. Es el análisis más sensible y puede detectar hasta 15 virus diferentes que pueden causar la infección. Vacunarse contra la influenza una vez al año (salvo que esté contraindicado) puede disminuir enormemente las probabilidades de engriparse.

Tuberculosis

La tuberculosis (TB) es una infección contagiosa (puede transmitirse de persona a persona) que generalmente afecta los pulmones. Se contagia a través de gotículas presentes en el aire cuando una persona infectada tose o estornuda. La provoca una bacteria llamada *mycobacterium tuberculosis*. Existen dos tipos de infecciones por tuberculosis. El primero, conocido como infección latente por tuberculosis (*latent tubercular infection*, LTBI), no presenta síntomas y el otro se denomina infección por tuberculosis activa. Al momento del diagnóstico, las personas con infección por TB activa generalmente presentan una variedad de síntomas, como fiebre baja, tos constante con esputo (flema), sudores nocturnos y pérdida de peso no intencional.

Clasificación de la TB

- La TB activa es una infección en curso en la que la persona que la padece desarrolla síntomas y obtiene un resultado positivo (anormal) en un análisis de TB.
- La TB latente ocurre cuando una persona que no presenta síntomas obtiene un resultado positivo en un análisis de sangre o una prueba cutánea para detectar la TB. Esto sugiere que la persona se ha infectado con TB en el pasado pero las bacterias se encuentran en un estado latente o inactivo. Las personas con TB latente no pueden contagiar la bacteria de la TB a otros.
- La TB multirresistente (*multidrug-resistant TB*, MDR-TB) es una forma de TB activa provocada por bacterias que no responden a los medicamentos más comúnmente utilizados para tratar la TB.

Factores de riesgo para la TB

- Un sistema inmunitario deficiente o debilitado, como el de las personas con diabetes o VIH/SIDA.
- Viajar a países o vivir en países en los que la tuberculosis sea endémica (ocurra comúnmente).
- Trabajar en el área de asistencia de la salud o en campamentos de refugiados.
- Habitar viviendas con demasiadas personas y con poca ventilación.

Evaluación de casos presuntos de TB

- Prueba cutánea de tuberculina (también llamada derivado proteico purificado [*purified protein derivative*, PPD]). Como respuesta a esta inyección, si una persona se ha infectado con TB, los inmunocitos provocarán la induración (endurecerán) la zona que rodea el lugar de la inyección. Se mide la zona indurada 48 a 72 horas después de la inyección y esto se utiliza para determinar la probabilidad de que exista una infección por TB.
- Es posible que se realice una radiografía de tórax para distinguir si se trata de una TB activa o latente.
- Puede realizarse un análisis de sangre para detectar citocinas (sustancias que liberan los inmunocitos) que sean específicas de las infecciones por TB. Esta prueba se denomina análisis QuantiFERON®-TB Gold.

Tratamiento

- Para tratar la tuberculosis se utilizan diversos antimicrobianos (medicamentos que destruyen microorganismos o que interfieren en su crecimiento).

- Generalmente, el tratamiento dura 6 meses y requiere un control riguroso por parte de un especialista en enfermedades infecciosas u otro especialista.

- El tratamiento completo de una persona con cualquier forma de TB es esencial para el mantenimiento de su salud y prevenir el contagio de la enfermedad a otros.

Prevención

- En los establecimientos de asistencia médica de alto riesgo se deben tomar las precauciones adecuadas, que incluyen la utilización de máscaras diseñadas específicamente para evitar el contagio de la TB.

- Los pacientes diagnosticados con TB latente quizás reciban medicamentos para destruir las bacterias latentes y evitar el desarrollo de una TB activa.

- En los países en los que la enfermedad es endémica, es posible que se administre el bacilo de Calmette Guérin (BCG), una vacuna contra la TB.

Embolia pulmonar

Una embolia pulmonar (EP) es un coágulo de sangre que obstruye los vasos sanguíneos que suministran sangre a los pulmones. Con mayor frecuencia, el coágulo (émbolo) proviene de las venas de las piernas y se transporta hacia los pulmones a través del corazón. Cuando el coágulo de sangre se aloja en los vasos sanguíneos del pulmón, puede limitar la capacidad del corazón para enviar sangre a los pulmones y, por lo tanto, provocar falta de aliento, dolor en el pecho y, en casos graves, la muerte. La embolia pulmonar es la mayor causa de muerte prevenible entre los pacientes hospitalizados. Algunos factores de riesgo para la embolia pulmonar incluyen la obesidad, el tabaquismo, el cáncer, el embarazo, el uso de píldoras anticonceptivas o una cirugía reciente.

Los signos y síntomas de la embolia pulmonar no son precisos y es posible que se la confunda con otras afecciones cardiopulmonares.

Algunos de los síntomas son: falta de aliento, aumento de la frecuencia cardíaca, hinchazón de una pierna, sensación de que el corazón se acelera o dolor repentino en el pecho.

Existen determinados medicamentos que podrían prevenir la formación de coágulos. Estos medicamentos se denominan anticoagulantes (fármacos para diluir la sangre). Los anticoagulantes son el pilar del tratamiento de la embolia pulmonar y actúan descomponiendo coágulos antes de que puedan llegar a formarse. Las opciones para la anticoagulación en los pacientes con embolia pulmonar incluyen la heparina intravenosa y la enoxaparina, la dalteparina y el fondaparinux inyectables. Los anticoagulantes orales para la embolia pulmonar incluyen la warfarina y el rivaroxabán.

Los pacientes a los que se les ha diagnosticado embolia pulmonar reciben al menos 6 meses de tratamiento anticoagulante. A muchos pacientes se les aconseja continuar este tratamiento durante un período mayor, en ocasiones incluso de por vida, si el riesgo de una recurrencia de la embolia pulmonar es alto. Algunos pacientes con embolia pulmonar grande o masiva necesitan una terapia más agresiva. Estos tratamientos incluyen medicamentos para disolver coágulos, procedimientos invasivos para eliminar el émbolo con catéteres o quirúrgicamente y la implantación de un dispositivo de filtro para atrapar los coágulos de sangre libres antes de que lleguen al corazón. El tratamiento de los factores de riesgo para la embolia pulmonar es fundamental para la prevención de coágulos de sangre futuros. Los cambios en el estilo de vida, tales como realizar ejercicio con regularidad, llevar una dieta saludable para el corazón y dejar de fumar, son pasos importantes para reducir el riesgo.

A pesar de las terapias, de un 3 a 5 % de los pacientes seguirá teniendo coágulos, que se manifiestan como hipertensión pulmonar. Esto se conoce como enfermedad tromboembólica crónica.

Enfermedad pulmonar intersticial (*interstitial lung disease*, ILD)

La enfermedad pulmonar intersticial consiste en un conjunto de trastornos que provoca la cicatrización progresiva del tejido pulmonar y afecta el intersticio, lo que deteriora la capacidad de enviar suficiente oxígeno al torrente sanguíneo. La mayoría de los casos de ILD se desarrollan de manera gradual y no poseen una causa que se conozca. Una vez que ocurre, la cicatrización del pulmón generalmente es irreversible.

En ocasiones, los medicamentos pueden desacelerar el avance de la enfermedad pero las personas nunca recuperan el funcionamiento completo de sus pulmones. Los investigadores esperan que fármacos más nuevos, muchos todavía experimentales, puedan resultar más eficaces para tratar esta afección en el futuro.

En algunos casos, los médicos pueden descubrir cuál es la causa de la fibrosis. Pero en la mayoría de los casos, no. A estos casos, los denominan fibrosis pulmonar idiopática (*idiopathic pulmonary fibrosis*, IPF) o neumonía intersticial habitual (*usual interstitial pneumonia*, UIP).

Factores de riesgo

Debido a que la ILD posee una variedad de causas, puede resultar difícil determinar el motivo de una lesión inicial en el tejido pulmonar. La cicatrización parece ocurrir cuando una lesión en los pulmones desencadena una respuesta de curación anormal. En general, el cuerpo regenera justo la cantidad adecuada de tejido para la reparación. Sin embargo, en la ILD, existe un defecto en el proceso de reparación que hace que se produzca un exceso de tejido cicatricial, lo que interfiere cada vez más con la función pulmonar. Algunos de los muchos posibles factores contribuyentes son:

- La exposición a sustancias contaminantes ambientales, entre las que se incluyen polvo inorgánico (polvos de asbesto, sílice y metales duros), polvo orgánico (bacterias y proteínas animales), gases y vapores.
- La radiación.
- El uso de determinados medicamentos, incluidas la nitrofurantoína y la sulfasalzina, la amiodarona y la bleomicina.
- Otras afecciones médicas tales como lupus, esclerodermia, artritis reumatoide, dermatomiositis, polimiositis y síndrome de Sjögren pueden derivar en una ILD.

Procedimientos de diagnóstico

Es importante distinguir entre la ILD con causas identificables y aquellas enfermedades pulmonares sin una causa específica (ILD idiopáticas). Sin embargo, esta distinción no siempre es posible. En algunas situaciones, es posible que se necesite realizarle una biopsia pulmonar al paciente para establecer el tipo correcto de fibrosis. Además de un detalle de los antecedentes médicos y un examen físico, existen algunas pruebas recomendadas, como una radiografía de tórax, una exploración mediante tomografía computarizada de alta resolución (*high-resolution computerized tomography*, HRCT) o pruebas de la función pulmonar (*pulmonary function tests*, PFT).

Tratamientos

La enfermedad pulmonar intersticial con causas identificables, en ocasiones, puede tratarse y desaparecer. Sin embargo, en el marco de una IPF el resultado es menos prometedor. Los objetivos de la terapia para la IPF son evitar una mayor cicatrización del tejido pulmonar, aliviar los síntomas, conservar la capacidad del paciente para mantenerse activo y mejorar la calidad de vida. El tratamiento generalmente no puede revertir la cicatrización que ya ha ocurrido, por lo que el diagnóstico y manejo temprano de la IPF es fundamental.

El manejo de la IPF continúa evolucionando. A pesar de que no existe ningún régimen de tratamiento estandarizado, suele utilizarse una combinación de algunos de los siguientes medicamentos: corticoesteroides, micofenolato de mofetilo, N-acetilcisteína, azatioprina, ciclofosfamida y otros medicamentos que se mencionan a continuación.

Pirfenidona

La pirfenidona es un fármaco que ha sido aprobado para el tratamiento de la fibrosis pulmonar idiopática. Reduce la proliferación de fibroblastos (células responsables de causar la fibrosis) y la producción de mediadores fibrogénicos, como el TGF-β, en el pulmón. También se ha demostrado que la pirfenidona disminuye la producción de mediadores inflamatorios en el pulmón, por lo que también se la considera un agente antiinflamatorio.

Nintedanib

El nintedanib es un fármaco que inhibe el proceso de formación de vasos sanguíneos (angiogénesis) en los centros fibróticos y también está indicado para los pacientes con IPF. Los inhibidores de la angiogénesis detienen la formación y la reestructuración de los vasos sanguíneos dentro y alrededor de los centros fibróticos. Esto reduce el suministro de sangre y provoca que las células fibrosadas carezcan de oxígeno y nutrientes, lo que produce la muerte celular, evitando así la propagación de la fibrosis. A diferencia de la quimioterapia convencional que destruye directamente las células cancerosas, los inhibidores de la angiogénesis hacen que las células fibrosadas carezcan de oxígeno y nutrientes y, debido a esto, se produzca la muerte celular.

A pesar de estos avances en la terapia y los nuevos fármacos que están en desarrollo, es posible que algunos pacientes requieran oxigenoterapia y rehabilitación pulmonar. En los casos de fibrosis pulmonar avanzada, quizás se necesite un trasplante de pulmón.

Hipertensión arterial pulmonar

La hipertensión arterial pulmonar (*pulmonary arterial hypertension*, PAH) es una enfermedad progresiva, que puede poner en peligro la vida. La enfermedad se define como la existencia de aumentos sostenidos de la presión de la arteria pulmonar. Esto produce una restricción del flujo de los vasos sanguíneos de los pulmones, lo que hace que el lado derecho del corazón trabaje más arduamente. Con el tiempo, se sobrecarga e hipertrofia.

Los pacientes con hipertensión pulmonar avanzada presentan síntomas de falta de aliento, que al principio aparecen durante el ejercicio. A medida que la enfermedad avance, la falta de aliento podría ocurrir incluso en reposo. Otros síntomas incluyen: fatiga, tos, mareos, dolor en el pecho, hinchazón en los tobillos y desmayos.

Nomenclatura y clasificación de la hipertensión pulmonar

La hipertensión pulmonar puede ocurrir en muchas situaciones y, convenientemente, se la categoriza en 5 grupos (Tabla 2).

Pruebas de diagnóstico de la PAH

Además de un detalle de los antecedentes médicos y un examen, es posible que su médico realice algunas de las siguientes pruebas recomendadas:

Obtención de imágenes

- Radiografía de tórax (*chest X Ray*, CXR).
- Gammagrafía de ventilación-perfusión.
- Tomografía computada de contraste (angiografía mediante tomografía computada [*computer tomography*, CT]) de las arterias pulmonares.

Pruebas pulmonares

- Gasometría arterial.
- Pruebas de la función pulmonar.
- Control de la saturación nocturna de oxígeno.
- Ergometría cardiopulmonar y prueba de caminata de seis minutos.

Cardiología

- Electrocardiograma (ECG).
- Ecocardiografía (prueba diagnóstica).
- Cateterismo cardíaco (estándar de referencia para el diagnóstico).

Pruebas sanguíneas

- Análisis de sangre hematológicos y bioquímicos de rutina.
- Análisis de detección de la trombofilia.
- Pruebas de autoinmunidad, análisis de VIH.

Tabla 2: Clasificación de la hipertensión pulmonar–Nice (2013).

Grupo I (Hipertensión arterial pulmonar, PAH)	PAH idiopática (*idiopathic PAH*, IPAH). PAH hereditaria. Inducida por fármacos y toxinas. Asociada a (*associated PAH*, APAH): • Enfermedades del tejido conectivo. • Infección por VIH. • Hipertensión portal. • Enfermedad cardíaca congénita.
Grupo II	Sistólica y diastólica. Disfunción (insuficiencia cardíaca). Enfermedad valvular.
Grupo III	Enfermedad pulmonar obstructiva crónica (EPOC), enfermedad pulmonar intersticial (ILD). Apnea obstructiva del sueño (OSA).
Grupo IV	Hipertensión pulmonar tromboembólica crónica (*chronic thromboembolic pulmonary hypertension*, CTEPH).
Grupo V	Varios • Trastornos hematológicos, esplenectomía. • Trastornos sistémicos, linfangioleiomiomatosis. • Trastornos metabólicos, trastornos de tiroides. • Otros: insuficiencia renal crónica en tratamiento de diálisis.

Tratamientos disponibles para la hipertensión arterial pulmonar

En el estadio temprano de la enfermedad, es posible que los pacientes reciban medicamentos orales, tales como antagonistas del calcio, bloqueadores del receptor de endotelina, inhibidores de la fosfodiesterasa o análogos del guanilato ciclasa soluble (*soluble guanylate cyclase*, GCs). Algunos pacientes quizás requieran terapias adicionales con prostaciclina inhalatoria en combinación con los medicamentos orales. Muchos pacientes también pueden necesitar oxigenoterapia domiciliaria, diuréticos (píldoras de agua) y terapia anticoagulante oral. A medida que la enfermedad avance, los pacientes pueden llegar a necesitar terapia intravenosa o una bomba de infusión subcutánea continua de por vida.

Las opciones de tratamiento de la hipertensión arterial pulmonar han mejorado en gran medida durante la última década. Gracias a las nuevas terapias en desarrollo, el futuro de los pacientes con hipertensión arterial pulmonar está mejorando. Para obtener más información sobre los medicamentos para la PAH, consulte el Capítulo 6.

Capítulo 3

El diagnóstico de la enfermedad

"Las fuerzas naturales que se encuentran dentro de nosotros son las que verdaderamente curan las enfermedades".

Hipócrates (460 a. C. – 377 a. C.)

En la siguiente sección, analizaremos información sobre las distintas pruebas que es posible que su médico solicite para que lo ayuden a diagnosticar su enfermedad cardiopulmonar.

Espirometría

La espirometría es una prueba de respiración que se realiza habitualmente para evaluar qué tan bien funcionan los pulmones. Durante esta prueba, se le pedirá que sople en un tubo que está conectado a una máquina. Esta máquina, o espirómetro, mide la cantidad de aire que pueden contener sus pulmones (capacidad vital forzada [*forced vital capacity*, FCV]) y la velocidad con la que puede exhalar (volumen espiratorio forzado durante un segundo [*forced expiratory volume*, FEV_1]). Junto con el examen de un médico, la espirometría puede ayudar a determinar la gravedad de su EPOC. Los valores se expresan como porcentajes (%) de los valores teóricos, que se determinan a partir de su edad, sexo y estatura.

Pruebas de la función pulmonar (PFT)

Las pruebas de la función pulmonar son una forma de evaluación comúnmente utilizada que el médico solicita para evaluar el funcionamiento de los pulmones. Estas pruebas involucran el uso de máquinas para realizar pruebas de respiración que permiten medir el tamaño de los pulmones, el estado de las vías respiratorias de los pulmones y la capacidad de los pulmones para intercambiar oxígeno y dióxido de carbono.

Se les pide a los pacientes que interrumpan los medicamentos para las enfermedades pulmonares de acción prolongada 12 horas antes de la prueba y los medicamentos para las enfermedades pulmonares de acción corta 4 horas antes. También, se les solicita que no realicen ejercicio físico enérgico al menos durante las 4 horas anteriores a la prueba. Quizás se les pida la extracción de una muestra de sangre para medir la cantidad de oxígeno y dióxido de carbono presente en la sangre. Esto lo realiza un terapeuta respiratorio certificado, quien utiliza un anestésico local denominado lidocaína para adormecer la zona que se encuentra sobre la arteria en la que se inserta la aguja. Existe la posibilidad de que se les pida a los pacientes que inhalen un medicamento para abrir las vías respiratorias de los pulmones. Esto les permite a los médicos determinar qué tan bien responden los pulmones al tipo de medicamento.

Prueba de caminata de 6 minutos (6 Minute Walk Test, 6MWT)

Esta prueba se utiliza para conocer cuánto ejercicio es capaz de realizar. Mide la distancia que puede caminar una persona sobre una superficie plana en 6 minutos. Esto le permitirá a su médico o terapeuta respiratorio determinar su capacidad para realizar ejercicio.

Ergometría cardiopulmonar

Otro método muy importante para analizar el pronóstico de una enfermedad pulmonar avanzada es la ergometría cardiopulmonar (*cardiopulmonary exercise testing*, CPET). La CPET involucra la medición del consumo de oxígeno y de la exhalación de dióxido de carbono durante el ejercicio. En base a los resultados de esta prueba y las mediciones del consumo de oxígeno, su médico puede estimar mejor la evolución de su enfermedad y decidir cómo seguir manejando su enfermedad pulmonar avanzada.

Prueba de provocación con metacolina

La metacolina es un fármaco que provoca el estrechamiento de las vías respiratorias. El grado de estrechamiento puede cuantificarse mediante una espirometría. Las personas con antecedentes de vías respiratorias hiperreactivas, por ejemplo los asmáticos, reaccionan ante dosis más bajas del fármaco. Además de evaluar la reversibilidad de una afección particular, se administra un medicamento (broncodilatador) para contrarrestar los efectos de la metacolina antes de repetir las pruebas de espirometría. Con frecuencia se la conoce como prueba de reversibilidad y puede ayudar a diferenciar el asma de la enfermedad pulmonar obstructiva crónica.

Broncoscopia

La broncoscopia es un procedimiento de diagnóstico común que generalmente se realiza de manera ambulatoria y le permite al médico observar adentro de los pulmones. Se utiliza habitualmente para realizar biopsias de las manchas o los cambios en las radiografías o las exploraciones mediante CT. El broncoscopio es un tubo delgado flexible con una pequeña cámara en el extremo. Este se inserta por la nariz o la boca hasta los pulmones. La broncoscopia es un procedimiento de diagnóstico seguro y conlleva un riesgo mínimo.

Cómo prepararse para una broncoscopia

No coma ni beba (ni siquiera agua) durante las seis a ocho horas anteriores al procedimiento. Es importante que su estómago esté vacío para evitar la broncoaspiración (por vómitos).

Puede tomar medicamentos importantes con un sorbito de agua. Converse con su neumonólogo acerca de qué medicamentos puede tomar antes del procedimiento y si utiliza algún anticoagulante, por ejemplo: Plavix, Coumadin, aspirina y/o productos que contengan aspirina.

Lleve una lista de sus medicamentos actuales, antecedentes médicos y cirugías. Para realizarse el procedimiento, debe acompañarlo un adulto responsable antes, durante y después del procedimiento para que lo lleve a su hogar.

Las complicaciones son poco frecuentes pero, de ocurrir, podrían incluir neumotórax (colapso pulmonar), sangrado en el lugar de la biopsia y una reacción alérgica a los medicamentos.

Ecografía para detectar un aneurisma aórtico abdominal

Es una prueba que mide el tamaño de la arteria más grande que se encuentra en la zona abdominal. A los varones de 65 a 75 años que han fumado alguna vez, se les aconseja realizársela únicamente 1 vez.

Angiografía o arteriografía

En una angiografía o arteriografía, se inyecta un colorante en los vasos sanguíneos mediante un catéter (tubo pequeño) y se toman radiografías. Esta prueba muestra si las arterias se han estrechado o están obstruidas. Una angiografía coronaria detecta los estrechamientos o las obstrucciones de los vasos sanguíneos que se dirigen al corazón. Una arteriografía cerebral examina los vasos sanguíneos que se dirigen al cerebro.

Angioplastia

La angioplastia, también llamada angioplastia con globo, es un procedimiento que se utiliza para eliminar una obstrucción de un vaso sanguíneo que se dirija al corazón (angioplastia coronaria) o al cerebro. Se coloca un globo unido a un pequeño tubo dentro del vaso sanguíneo obstruido o estrechado. Luego se infla el globo, lo que abre la arteria estrechada. Es posible que se coloque un tubo de alambre, llamado *stent*, para ayudar a que la arteria se mantenga abierta.

Índice tobillo-brazo

Se utiliza una prueba llamada índice tobillo-brazo (*ankle brachial index*, ABI) para diagnosticar la enfermedad arterial periférica (*peripheral artery disease*, PAD). Los proveedores de asistencia médica comparan la presión arterial del tobillo con la del brazo. Una presión arterial más baja en la parte más baja de la pierna, con respecto a la presión en el brazo, podría indicar la existencia de la PAD.

Cateterismo cardíaco

El cateterismo izquierdo del corazón se utiliza en conjunto con otras pruebas. Se inserta un pequeño tubo en una arteria y se lo guía hasta el corazón. Esto facilita la localización de obstrucciones en los vasos sanguíneos del corazón y le permite al cardiólogo realizar una angioplastia en el momento.

Cateterismo derecho del corazón

En este caso, se introduce un pequeño tubo en el lado derecho del corazón para medir las presiones de la arteria pulmonar. Esta es la prueba estándar de referencia para diagnosticar la hipertensión arterial pulmonar.

Radiografía de tórax

Una radiografía de tórax permite ver el tamaño y la forma del corazón y, además, la congestión pulmonar.

Injerto de bypass de la arteria coronaria (*coronary artery bypass graft*, CABG)

Durante un injerto de *bypass* de la arteria coronaria, también llamado *bypass*, se conecta un vaso sanguíneo extraído de la pierna, la muñeca o el tórax a la arteria coronaria para sortear una obstrucción y restaurar el flujo sanguíneo del corazón. Un injerto de *bypass* también puede utilizarse para los vasos sanguíneos que se dirigen al cerebro.

Exploración mediante tomografía axial computada (*computed axial tomography*, CAT)

Una exploración mediante CAT utiliza técnicas de exploración especiales para ofrecer imágenes de los pulmones. Es posible que se le realice un contraste antes de la prueba. Este estudio se denomina angiografía mediante CT. Esta prueba le permite a su médico evaluar las arterias pulmonares para detectar cualquier coágulo que contengan.

Absorciometría dual de rayos X (*dual X-ray absorptiometry*, DEXA)

La DEXA es una prueba que analiza la salud de los huesos de los pacientes de edad avanzada. Utiliza una dosis baja de radiación para medir la densidad ósea en la columna, la cadera y el cuerpo entero. Según la Organización Mundial de la Salud (OMS), la osteoporosis se define como una puntuación de desviación estándar de la densidad mineral ósea (puntuación T de la DMO) menor a 2,5. Una densidad ósea dentro de este bajo rango predice un riesgo de futuras fracturas. El uso de la puntuación T para niños y adolescentes no es adecuado. En su lugar, debe utilizarse la puntuación Z de la DMO. No se ha establecido bien qué tan bien la puntuación Z de la DMO predice el riesgo de fractura en los más jóvenes. Por lo tanto, la osteoporosis en niños y adultos jóvenes se define como una puntuación Z de la DMO menor a -2 y antecedentes de fracturas importantes, incluidas fracturas de los huesos largos de las extremidades inferiores y superiores y fracturas de columna por compresión. Para las personas en tratamiento con esteroides, por ejemplo prednisona, es importante que se realicen una exploración DEXA una vez al año.

Ecocardiograma

Un ecocardiograma utiliza ondas sonoras de alta frecuencia (ecografía) para producir imágenes del corazón y los vasos sanguíneos. Los resultados indican si el corazón está bombeando sangre de manera correcta. También permite calcular la presión de las arterias pulmonares. Es una buena prueba de detección cuando su proveedor de asistencia médica quiere descartar una hipertensión arterial pulmonar. Un ecocardiograma de estrés utiliza el ejercicio o un medicamento; y la ecografía proporciona imágenes del corazón y los vasos sanguíneos al realizar esfuerzo.

Electrocardiograma (ECG)

Un electrocardiograma, o ECG, proporciona información acerca de la frecuencia cardíaca y el ritmo cardíaco; y muestra si ha habido algún daño o lesión en el músculo cardíaco.

Gammagrafía de perfusión miocárdica (prueba de esfuerzo nuclear)
Esta prueba de esfuerzo utiliza pequeñas cantidades de material radioactivo para producir imágenes del flujo sanguíneo que se dirige al corazón mientras se realiza ejercicio.

Prueba de esfuerzo durante el ejercicio

Las pruebas de esfuerzo durante el ejercicio se utilizan para descubrir una enfermedad cardíaca que se evidencie únicamente durante la actividad física. También puede utilizarse para ayudar a un paciente a elegir el programa de actividad física que sea más apropiado para él. También denominada ergometría con cinta caminadora, esta prueba utiliza un ECG para medir la actividad del corazón al realizar actividad física, por ejemplo al caminar en una cinta caminadora en movimiento. En una ergometría con fármacos se utilizan medicamentos en lugar del ejercicio para aumentar la frecuencia cardíaca.

Monitoreo Holter

Un monitor Holter es una máquina pequeña portátil que registra la actividad eléctrica del corazón. La persona que utiliza el monitor debe registrar los síntomas que tenga y las actividades que realice durante el período de evaluación. Las lecturas de la máquina se comparan con los síntomas.

Resonancia magnética (*magnetic resonance imaging*, MRI)

La MRI utiliza técnicas de exploración especiales para proporcionar imágenes de los tejidos del cuerpo. La angiografía por resonancia magnética (*magnetic resonance angiography*, MRA) utiliza la MRI para examinar los vasos sanguíneos.

Ventriculografía nuclear

La ventriculografía nuclear, también llamada ventriculografía con radionúclido, utiliza pequeñas cantidades de material radioactivo para examinar la función cardíaca ya sea mientras el cuerpo está en reposo o durante el ejercicio. Esta prueba también puede utilizarse para examinar los vasos sanguíneos que se dirigen al cerebro.

Gammagrafía de ventilación/perfusión.

En esta prueba, se inyectan pequeñas cantidades de material radioactivo en las venas para evaluar el flujo sanguíneo en los pulmones. Esta prueba generalmente se utiliza para facilitar el diagnóstico de la presencia de coágulos en los pulmones, lo cual se conoce como embolia pulmonar.

Tomografía por emisión de positrones (*positron emission tomography*, PET)

La exploración mediante PET utiliza técnicas de exploración especiales para proporcionar imágenes de los tejidos del cuerpo. Ayuda a identificar cualquier tejido del cuerpo que podría ser canceroso.

Capítulo 4

Medicamentos para las enfermedades pulmonares

"El mejor médico es el que conoce la inutilidad de la mayor parte de los medicamentos".

Benjamin Franklin (1706-1790)

Existen muchos tipos diferentes de medicamentos recetados que podrían facilitarle la respiración. Es posible que su médico ya le haya recetado algunos de ellos. Esta sección está diseñada para ayudarlo a comprender por qué está tomando un determinado medicamento, cómo actúan los distintos medicamentos y si existen posibles efectos secundarios. Siempre debe comunicarle a su médico si está utilizando otros medicamentos (los cuales deben utilizarse únicamente bajo indicación médica). Esto se aplica especialmente a los narcóticos, las píldoras para dormir o los tranquilizantes.

Cómo tomar medicamentos de manera segura

Debido a que muchos pacientes a veces reciben múltiples medicamentos, pueden existir interacciones entre los distintos medicamentos. Esto podría provocar reacciones no deseadas. Las interacciones pueden darse de las siguientes maneras:

- Entre dos medicamentos, por ejemplo, entre la aspirina y los anticoagulantes.
- Entre fármacos y alimentos, por ejemplo, entre las estatinas y el pomelo (toronja).
- Entre fármacos y suplementos, por ejemplo, entre el gingko biloba y los anticoagulantes.
- Entre fármacos y otras enfermedades, por ejemplo, entre la aspirina y la enfermedad ulcerosa péptica.
- Es posible que los alimentos y las bebidas produzcan leves interacciones con los medicamentos.

Algunos factores comunes de los que hay que cuidarse:

El alcohol: evite beber alcohol; este puede aumentar o disminuir el efecto de muchos fármacos.

El jugo de pomelo (toronja): no debe tomarse jugo de pomelo/toronja con determinados medicamentos para disminuir la presión arterial ya que puede provocar un aumento de los niveles de estos medicamentos en el cuerpo, lo que aumenta las probabilidades de experimentar efectos secundarios.

Los caramelos de regaliz: también podrían reducir los efectos de los medicamentos para la presión arterial, así como los de los diuréticos. Los caramelos de regaliz podrían aumentar el nivel de la digoxina, un medicamento común que se utiliza para tratar la insuficiencia cardíaca congestiva.

El chocolate: está contraindicado con determinados tipos de antidepresivos denominados inhibidores de la monoaminooxidasa (*monoamine oxidase inhibitors*, MAO) La cafeína presente en el chocolate puede aumentar el efecto de los medicamentos estimulantes como Ritalin (metilfenidato) o disminuir el efecto de los hipnóticos sedantes como Ambien (zolpidem).

Cómo evitar errores al utilizar los medicamentos

Conozca sus medicamentos: confeccione una lista de todos sus medicamentos, la cantidad que toma y cuándo los toma. Incluya los medicamentos de venta libre, las vitaminas, los suplementos y las hierbas. Lleve esta lista a todas sus visitas al médico. Manténgala actualizada. Nunca tome medicamentos que hayan sido recetados a otras personas. Pregúntele a su proveedor de asistencia médica si no conoce las respuestas a las siguientes cuestiones. Hágale las siguientes preguntas a su médico o farmacéutico:

- ¿Por qué estoy tomando este medicamento?
- ¿Cuáles son los problemas comunes a los que debo estar atento?
- ¿Qué debo hacer si ocurren?
- ¿Cuándo debo interrumpir este medicamento?
- ¿Puedo tomar este medicamento junto con los otros medicamentos de mi lista?

Expectorantes y mucolíticos (descongestivos)

Estos fármacos están diseñados para aumentar la eliminación de fluidos de las vías respiratorias y ayudar a licuar el moco pegajoso o espeso. Están disponibles únicamente en forma de soluciones líquidas, jarabes, gotas, cápsulas líquidas y líquidos para inhalar. Algunos ejemplos son el agua, la guaifenesina, el yoduro Humibid y la acetilcisteína (Mucomyst®).
Beber líquidos es la mejor forma de licuar el moco. No se deben combinar los expectorantes con antihistamínicos, tales como Benadryl®, o medicamentos para la tos, tales como la codeína o el dextrometorfano. Mucomyst debe utilizarse con un broncodilatador. Una vez abierto, dura 96 horas y debe conservarse refrigerado. Enjuáguese la boca después de usarlo para eliminar el gusto que deja.

Aspirina

Es posible que a las personas con asma o síntomas de asma la aspirina les provoque un exceso de episodios de falta de aliento y sibilancias. Si esto ocurre, hable con su médico acerca de algún sustituto. Actualmente existe una gran variedad de sustitutos de la aspirina en el mercado.

Antibióticos

Los antibióticos ayudan a combatir las infecciones bacterianas y a prevenir futuras infecciones graves. Existen cientos de tipos diferentes y su médico decidirá cuál es el mejor para su situación particular. Los antibióticos están disponibles en forma de comprimidos, cápsulas, soluciones líquidas e inyecciones en las venas (intravenosas, IV). Algunos ejemplos son: ampicilina, eritromicina, penicilina, tetraciclina, Bactrim®, Zithromax®, Levaquin®, Biaxin®, Avelox® y amoxicilina (consulte el Apéndice 1).
Los posibles efectos secundarios de los antibióticos pueden ser: malestar estomacal, reacciones alérgicas, náuseas, vómitos o diarrea. Podría haber otros efectos secundarios, de acuerdo con lo que su médico le especifique.

Broncodilatadores

Los broncodilatadores relajan los músculos que se encuentran alrededor de las vías respiratorias para mantenerlas abiertas y facilitar la respiración. Están disponibles en forma inhalatoria y de comprimidos, jarabes, supositorios e inyecciones. Algunos ejemplos son: albuterol (Proventil®/Ventolin®), Serevent®, aminofilina, efedrina, epinefrina, Maxair®, isoproterenol (Isuprel; Isuprel Mistometer), metaproterenol

(Alupent®; Metaprel®), terbutalina (Brethine; Bricanyl), teofilina, Brovana® (arformoterol) y Xopenex® (Levosalbutamol). Algunos de estos medicamentos quizás estén disponibles en forma inhalatoria y otros también para nebulizar. Los posibles efectos secundarios son: aumento de la frecuencia cardíaca, ansiedad, nerviosismo, temblores, dolores de cabeza, malestar estomacal, acidez, pérdida de apetito, insomnio y sudoración (consulte el Apéndice 2).

Cromoglicato sódico

El cromoglicato previene los ataques de asma bronquial e inhibe las reacciones alérgicas/asmáticas. Los efectos secundarios incluyen: posible tos y sibilancias ocasionales, sarpullido en la piel, picazón y náuseas. El cromoglicato únicamente está disponible en polvo o como solución para inhalar. Se debe utilizar un broncodilatador antes de inhalar el cromoglicato sódico para disminuir la posibilidad de experimentar tos y sibilancias. Es importante que sepa que el cromoglicato puede contribuir a evitar un ataque de asma pero no será de ayuda durante un ataque agudo de asma.

Esteroides

Los esteroides disminuyen la hinchazón y la inflamación de las vías respiratorias. Ayudan a disminuir las sibilancias permitiendo que las vías respiratorias estén relajadas y abiertas. Están disponibles en forma de comprimidos, inhaladores e intravenosa. Los esteroides orales son la prednisona y la metilprednisolona (Medrol®). Los esteroides inhalatorios son: QVar® (beclometasona), Aerobid® (flunisolide), Azmacort® (triamcinolona), Flovent® (fluticasona) y Pulmicort® (budesonida).

Los posibles efectos secundarios de los esteroides orales son: aumento de peso e hinchazón debido a la retención de líquidos, dolor de estómago, fragilidad en los huesos, formación de moretones con facilidad y menor resistencia a las infecciones. Los inhaladores pueden provocar sequedad bucal, ronquera e infecciones micóticas bucodentales. Es importante que recuerde no interrumpir o cambiar la dosificación de los esteroides por su cuenta. Los cambios deben ser realizados solamente por su médico y, generalmente, involucran una reducción gradual. Tome los esteroides orales junto con alimentos, leche o antiácidos para aliviar los posibles problemas estomacales. Después de utilizar los inhaladores, enjuáguese la boca para evitar cualquier irritación e infección.

Combinación de esteroides y broncodilatadores

Existen opciones que combinan esteroides y broncodilatadores en un mismo inhalador o nebulizador. Esto permite un efecto antiinflamatorio al mismo tiempo que un tratamiento para abrir las vías respiratorias con un solo medicamento. Algunos ejemplos son: Advair® (fluticasona/salmeterol), Symbicort® (budesonida/formoterol) y DuoNeb® (bromuro de ipratropio/salbutamol).

Diuréticos (píldoras de agua)

Debido a que los diuréticos ayudan al cuerpo a eliminar el exceso de líquidos, pueden provocar que las membranas mucosas se sequen. El moco espeso y pegajoso es más difícil de eliminar por medio de la tos y crea un ambiente ideal para el crecimiento de bacterias. Si está tomando diuréticos para otra afección, comuníquese con su médico. Es posible que él decida administrarle suplementos de potasio mientras tome los diuréticos.

Anticoagulantes (fármacos para diluir la sangre) para la tromboembolia venosa

Cuando a una persona se le diagnostica un coágulo en los pulmones llamado embolia pulmonar, esta comienza una terapia anticoagulante. Lo más común es que los pacientes comiencen con warfarina (Coumadin®). Existen alternativas para las personas que no toleran la warfarina o que no pueden realizarse análisis de laboratorio con frecuencia.
Una de estas alternativas a la warfarina la constituyen los anticoagulantes orales rivaroxabán (Xarelto®) y apixabán (Eliquis®). Son los primeros inhibidores orales directos del factor Xa (factor de coagulación) activado. Se absorben bien en los intestinos y su efecto dura de 8 a 12 horas. La desventaja del rivaroxabán es que, a diferencia de la warfarina, no hay una forma específica de revertir su efecto anticoagulante en el caso de un evento de sangrado importante.

Dabigatrán (Pradaxa®) para la tromboembolia arterial

Otro anticoagulante utilizado para las manifestaciones cardíacas tales como la fibrilación auricular y los coágulos arteriales es el dabigatrán (Pradaxa®). Es un anticoagulante oral de la clase de los inhibidores directos de la trombina. Uno de los beneficios es que no requiere análisis de sangre frecuentes y ofrece resultados de eficacia similar. Una desventaja del dabigatrán es que no hay una forma específica de revertir su efecto anticoagulante en el caso de un evento de sangrado importante.

Antivirales para prevenir y tratar la gripe

Mientras que los centros para el Control y la Prevención de Enfermedades (*Centers for Disease Control and Prevention*, CDC) recomiendan la vacuna contra la gripe como el primer y el más importante paso para prevenir la gripe, los fármacos antivirales constituyen la segunda línea de defensa. Se recomiendan dos medicamentos para tratar y prevenir la infección por gripe: oseltamivir (Tamiflu®) y zanamivir (Relenza®). Estos medicamentos son diferentes a los antibióticos y no son de venta libre; se venden únicamente bajo receta médica. Si bien la mayoría de las personas con gripe poseen una enfermedad leve que desaparece con el transcurso del tiempo, para algunos pacientes los antivirales pueden resultar beneficiosos. El criterio clínico de un médico es lo más importante para decidir si se necesitan fármacos antivirales para tratar la infección por gripe. Los medicamentos son más eficaces si se comienzan dentro de los 2 días posteriores al inicio de los síntomas gripales. Los antivirales sirven para hacer que uno se sienta mejor y reducir la duración de los síntomas. También pueden prevenir complicaciones graves, como la neumonía. Estos medicamentos se toman durante 5 días, pero los pacientes internados podrían necesitarlos durante más tiempo.

Vacunas

Las vacunas juegan un papel importante en el mantenimiento de la salud de los pacientes con enfermedad pulmonar avanzada (consulte el Apéndice 3).

Vacuna contra la gripe: todos los años se distribuye una vacuna estacional. Todas las personas de más de 6 meses de edad deberían vacunarse contra la gripe. La mayoría de las personas que se enferman de gripe no necesitan ninguna terapia y, en general, se recuperan dentro de dos semanas. Algunas personas tienen más probabilidades de sufrir complicaciones, como neumonía, bronquitis, sinusitis e infecciones de oído. Además, la gripe puede empeorar los problemas de salud crónicos como el asma, la insuficiencia cardíaca y la diabetes. A continuación, se enumera el grupo de personas que tiene más probabilidades de sufrir complicaciones relacionadas con la gripe si se enferman de influenza.

Las personas con mayor riesgo de sufrir complicaciones relacionadas con la gripe incluyen:

- Las personas mayores de 65 años.
- Las personas de cualquier edad con afecciones médicas crónicas que viven en residencias para la asistencia médica de enfermedades crónicas.
- Las personas con enfermedades cardiopulmonares crónicas, incluidos los niños con asma, o EPOC.
- Las personas que requieren asistencia médica de manera regular para enfermedades crónicas, entre las que se incluyen la diabetes mellitus, la disfunción renal o hepática y los trastornos de la sangre (enfermedad de células falciformes).
- Las personas con un sistema inmunitario debilitado (por ejemplo, con VIH).
- Las personas que sufren de obesidad mórbida (índice de masa corporal mayor a 40).
- Los trabajadores del sector de la asistencia de la salud (médicos, enfermeros) y otras personas que viven con personas con riesgo alto o cuidan personas con riesgo alto, para evitar contagiarles la gripe.

Vacuna antineumocócica

La neumonía provocada por la bacteria *streptococcus pneumoniae* (neumococo) es especialmente conocida por tener una morbilidad y una mortalidad importantes. La vacuna antineumocócica es eficaz en la prevención de una enfermedad grave, la hospitalización y la muerte. Sin embargo, no se garantiza que evite la infección sintomática a todas las personas. Los adultos de 65 años o más y los niños menores de 5 años son más propensos a padecer una infección con neumonía. Las personas de hasta 64 años que poseen afecciones médicas subyacentes, como diabetes o VIH/SIDA, y las personas de 19 a 64 años que fuman o tienen asma también poseen un riesgo mayor de contraer neumonía.

Prevnar 13® es una vacuna antineumocócica conjugada 13-valente y se la recomienda para todos los niños menores de 5 años y todos los adultos de 65 años o más.

Pneumovax® es una vacuna antineumocócica polisacárida (*pneumococcal polysaccharide vaccine*, **PPVSV**) 23-valente que actualmente se recomienda para todos los adultos mayores de 65 años y las personas de 2 años o más que poseen un riesgo mayor de contraer la enfermedad (por ejemplo, con enfermedad de células falciformes, infección por VIH u otras afecciones que comprometan al sistema inmunitario, como enfermedades cardiovasculares, enfermedades pulmonares crónicas, diabetes mellitus, alcoholismo o cirrosis). También se la recomienda a las personas de 19 a 64 años que fuman o tienen asma.

Vacuna contra el virus de la varicela zóster

El herpes zóster, que comúnmente se conoce como culebrilla, es una enfermedad viral caracterizada por un sarpullido doloroso en la piel con ampollas sobre una zona limitada de un lado del cuerpo, con frecuencia de forma lineal. La infección inicial con el virus de la varicela zóster (*varicella zoster virus*, VZV) provoca la enfermedad aguda de corta duración llamada varicela, que ocurre generalmente en niños y adultos jóvenes. Los Centros para el Control de Enfermedades recomiendan la vacuna contra el VZV para todas las personas mayores de 60 años.

Vacuna antitetánica

El tétano es una afección médica caracterizada por la contracción prolongada de los músculos esqueléticos. Los síntomas principales están provocados por la tetanospasmina, una neurotoxina fabricada por la bacteria *clostridium tetani*. La infección por tétano ocurre generalmente debido a la contaminación a través de una herida abierta con un corte profundo o una herida abierta punzante profunda. A medida que la infección avanza, se desarrollan espasmos musculares en la mandíbula y otros lugares del cuerpo. La mayoría de los individuos ha recibido la vacuna en algún momento de su vida, pero se recomienda aplicarse un refuerzo cada 10 años.

Cómo utilizar sus inhaladores

Cómo utilizar un inhalador de dosis medida (*metered dose inhaler*, MDI) (Albuterol, Proventil®)

Paso 1: retire la tapa del inhalador.

Paso 2: agite bien el inhalador durante 5 segundos.

Paso 3: sostenga firmemente el inhalador colocando el dedo índice por encima del recipiente y el pulgar en la parte de abajo de la boquilla.

Paso 4: siéntese derecho o levántese, e incline la cabeza ligeramente hacia atrás.

Paso 5: exhale fuera del inhalador.

Paso 6: colóquese el inhalador en la boca. Presione el inhalador y comience a inhalar al mismo tiempo. Inhale profunda y lentamente.

Paso 7: aguante la respiración durante 10 segundos. Exhale lentamente por la nariz o la boca.

Paso 8: repita los pasos 2 a 7, 30 segundos después, si necesita otra dosis. Si está utilizando un medicamento corticosteroide, enjuáguese la boca después de completar todas las dosis.

Cómo utilizar un inhalador diskus (Advair®, Flovent®)

Paso 1: revise el contador de dosis para ver la cantidad de dosis restantes.

Paso 2: sostenga el inhalador de manera adecuada con ambas manos. Abra el inhalador utilizando la lengüeta para el pulgar. Escuchará un clic.

Paso 3: sostenga el inhalador de forma horizontal. Para cargar la dosis, mueva la palanca hacia abajo. Escuchará un clic.

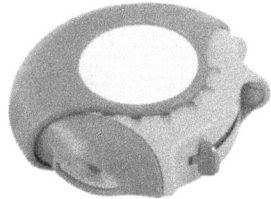

Paso 4: exhale fuera del inhalador.

Paso 5: colóquese la boquilla en la boca. Inhale profunda y rápidamente. Aguante la respiración durante 10 segundos. Exhale lentamente por la nariz o la boca.

Paso 6: si utiliza "Flovent Diskus" y se le ha aconsejado recibir otra dosis, repita los pasos 3 a 6, 30 segundos después. Si está utilizando un medicamento corticosteroide, enjuáguese la boca después de completar todas las dosis.

Cómo utilizar un Handihaler (Spiriva®)

Paso 1: abra la tapa protectora empujando hacia arriba y, luego, abra la boquilla.

Paso 2: mantenga un extremo de la cápsula en la cámara central.

Paso 3: cierre la boquilla firmemente hasta que escuche un clic y deje abierta la tapa externa.

Paso 4: presione el botón de perforación una vez. Escuchará un clic. Esto realiza agujeros en la cápsula y permite que el medicamento se libere de manera más fácil al inhalar.

Paso 5: exhale fuera del inhalador y luego colóquese la boquilla en la boca e inhale profunda y rápidamente. Escuchará que la cápsula se agita.

Paso 6: sostenga el Handihaler de forma horizontal. Mantenga la boquilla en su boca e inhale profunda y rápidamente. Escuchará que la cápsula se agita.

Paso 7: aguante la respiración durante 10 segundos. Exhale lentamente por la nariz o la boca.

Paso 8: Inhale a través de la boquilla otra vez. De esta forma, se asegurará de obtener la dosis completa de su medicamento.

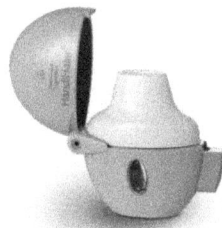

Paso 9: abra la boquilla, quite la cápsula usada y deséchala. No conserve cápsulas dentro del Handihaler. Para guardar el Handihaler, cierre la boquilla y la tapa protectora.

Paso 10: si está utilizando un medicamento corticosteroide, enjuáguese la boca después de completar todas las dosis.

Cómo utilizar un Twisthaler (Asmanex®)

Paso 1: mantenga el Twisthaler de manera vertical y gire la tapa hacia la izquierda para abrirlo.

Paso 2: Al levantar la tapa, se cargará la dosis del medicamento y se moverá el contador.

Paso 3: exhale fuera del inhalador y, luego, colóquese el Twisthaler en la boca.

Paso 4: inhale profunda y rápidamente, y aguante la respiración durante 10 segundos. Luego, exhale.

Paso 5: vuelva a colocarle la tapa al inhalador inmediatamente después y gírela para cerrarlo hasta que escuche un clic.

Cómo utilizar un Respimat (Combivent, Spiriva)

Paso 1: mantenga el Respimat de forma vertical.

Paso 2: gire la base transparente en la dirección que indica la flecha hasta que escuche un clic.

Paso 3: abra la tapa y siéntese o párese derecho.

Paso 4: incline la cabeza ligeramente hacia atrás y exhale fuera del inhalador.

Paso 5: coloque el Respimat en su boca e inhale profunda y lentamente mientras presiona el botón de dispensación de la dosis de forma simultánea.

Paso 6: aguante la respiración durante 10 segundos y exhale lentamente por la nariz o la boca.

Capítulo 5
Oxigenoterapia

"Agua, aire y limpieza son los principales artículos de mi botiquín".

Napoleón I (1769-1821)

El oxígeno es una necesidad básica para todos los seres humanos. El aire que respiramos contiene aproximadamente un 21 % de oxígeno. Esta cantidad es suficiente para las personas con pulmones saludables y para muchas de las que tienen enfermedad pulmonar. Sin embargo, algunas personas con enfermedad pulmonar no son capaces de obtener suficiente oxígeno a través de una respiración normal y, por lo tanto, necesitan oxígeno adicional para mantener las funciones normales del cuerpo. La oxigenoterapia en este tipo de pacientes mejora la supervivencia y la calidad de vida. Los pacientes con enfermedad pulmonar avanzada pueden tener niveles bajos de oxígeno en el cuerpo y algunos necesitan utilizar oxígeno suplementario para llevar sus niveles de oxígeno a un nivel más saludable.

Cómo saber si necesito oxígeno

Un proveedor de asistencia médica averiguará si necesita oxigenoterapia mediante una evaluación inicial de su nivel de oxígeno (O_2 sat) con un pequeño dispositivo llamado pulsioxímetro, el cual puede colocarse en un dedo de la mano o lóbulo de la oreja, como si fuera una pinza y sin producir ningún dolor, durante un período de tiempo, incluso mientras duerme o realiza ejercicio. Otra prueba para calcular el nivel de oxígeno de su sangre se denomina gasometría arterial (*arterial blood gas*, ABG) e involucra la extracción de una muestra de sangre para determinar los niveles de oxígeno y dióxido de carbono. A los pacientes que poseen una saturación de oxígeno respirando aire ambiental menor al 88 % o a 59 mmHg en presencia de una enfermedad pulmonar avanzada se los considera para recibir oxigenoterapia.

¿Cuánto oxígeno debo recibir?

La oxigenación es un tratamiento médico para el cual se requiere la indicación de un proveedor de asistencia médica. Una vez que haya establecido la cantidad de oxígeno que necesita, el proveedor le recetará un nivel o una velocidad de flujo de oxígeno de acuerdo a la gravedad de su afección. Se ajustará su velocidad de flujo de oxígeno en base a sus actividades diarias. Al realizar cualquier actividad física, las personas utilizan más energía y, por lo tanto, necesitan más oxígeno. Para averiguar cuánto oxígeno se necesita durante la actividad, el proveedor le pedirá que realice una prueba de esfuerzo durante el ejercicio o una prueba de caminata mientras mide su saturación de oxígeno. Poca o demasiada cantidad de oxígeno podría ser perjudicial para su salud, por lo que debe realizarse un seguimiento de manera regular con su proveedor de asistencia médica.

Métodos de suministro de oxígeno

De manera ambulatoria o domiciliaria, el oxígeno puede ser suministrado por medio de una de tres fuentes. Una de ellas son los tubos de oxígeno comprimido que pueden proporcionar una velocidad de flujo de oxígeno de hasta 15 l/min. Los pacientes que requieran una velocidad mayor a 4 l/min necesitarán un humidificador para evitar que la mucosa nasal se seque. El segundo tipo de método de suministro son los sistemas de oxígeno líquido, que permiten almacenar una gran cantidad de oxígeno en un pequeño espacio ya que 0,03 metros cúbicos (1 pie cúbico) de oxígeno líquido equivale a 24,35 metros cúbicos (860 pies cúbicos) de gas. Es útil para los usuarios de grandes volúmenes, si bien el costo puede ser un problema. El otro método de suministro es el concentrador de oxígeno, que consiste en un dispositivo eléctrico que capta el aire ambiental y separa físicamente el oxígeno del nitrógeno. Este es el método de suministro domiciliario más económico para aquellos que necesitan un flujo de oxígeno bajo y constante. Los tres dispositivos proporcionan el oxígeno a través de una cánula nasal.

¿Siempre voy a necesitar recibir oxígeno?

La mayoría de los pacientes que requieren un suplemento de oxígeno para tratar su enfermedad pulmonar necesitarán continuar con la oxigenoterapia. Es posible que algunos pacientes necesiten oxigenación adicional durante un brote de enfermedad o una infección pero que puedan reducir o interrumpir su uso si su afección mejora. Nunca debe reducir o interrumpir la oxigenoterapia por su cuenta. Hable con su proveedor de asistencia médica si cree que necesita un cambio con respecto a su oxigenoterapia.

Si se le ha indicado un suministro de oxígeno, asegúrese de utilizarlo cuando realice ejercicio. Si le falta el aliento al hacer ejercicio, esto significa que su cuerpo necesita más oxígeno Para restaurar los niveles normales de oxígeno con rapidez, realice sus ejercicios de respiración con los labios fruncidos, concentrándose en exhalar, mientras descansa.

Capítulo 6

Medicamentos para la hipertensión pulmonar

"Un mortal no vive por medio del aliento que fluye hacia adentro y hacia fuera. La fuente de su vida es otra y esa es la que hace al aliento fluir".

Paracelso (1493-1541)

En el estadio temprano de la hipertensión pulmonar, es posible que se trate a los pacientes con medicamentos orales, conocidos como antagonistas del calcio, que pueden disminuir la presión arterial pulmonar. Sin embargo, también pueden recetarse medicamentos más nuevos, desarrollados específicamente para el tratamiento de la hipertensión pulmonar. Con frecuencia, los pacientes pueden necesitar diuréticos y una terapia anticoagulante oral. Algunos incluso podrían necesitar oxigenoterapia domiciliaria.

Inhibidores de la fosfodiesterasa tipo 5 (*phosphodiesterase-5*, PDE-5)

Los inhibidores de la fosfodiesterasa tipo 5 son fármacos que se utilizan para bloquear la acción degradativa de la enzima fosfodiesterasa tipo 5 en el GMP cíclico en las células musculares lisas que recubren las arterias pulmonares. Los inhibidores de la PDE-5 se utilizan para el tratamiento de la hipertensión pulmonar como se establece a continuación.

Revatio® (sildenafil)

Revatio® es un inhibidor de la PDE-5 que contiene citrato de sildenafil (también conocido como Viagra). Ayuda a dilatar las arterias pulmonares provocando una disminución de la presión arterial pulmonar. En estudios, Revatio® ha ayudado a personas a caminar mayores distancias. La dosis habitual es de un comprimido, tres veces por día.

Al igual que con todos los inhibidores de la PDE-5, no debe tomar nitratos, determinados antivirales (como ritonavir) o antimicóticos (como ketoconazol e itraconazol). Algunos posibles efectos secundarios son sangrados nasales, malestar estomacal, dolor de cabeza, rubor y problemas para dormir. En casos poco comunes, se ha informado una disminución o pérdida de la visión repentina durante el uso de este fármaco. Por lo tanto, los exámenes oculares de rutina son fundamentales.

Adcirca® (tadalafilo)

Adcirca® también es un inhibidor de la PDE-5 que debe tomarse solamente una vez al día. Se utiliza para mejorar la tolerancia al ejercicio. Trata la PAH dilatando los vasos sanguíneos de los pulmones. Como resultado, los vasos sanguíneos pueden transportar mejor la sangre rica en oxígeno hacia el resto del cuerpo. El efecto secundario más común de Adcirca es el dolor de cabeza. Otros eventos adversos comunes incluyen: mialgia, nasofaringitis, rubor, infecciones en las vías respiratorias, dolor en las extremidades, náuseas, dolor de espalda, dispepsia y congestión nasal.

Antagonistas del receptor de endotelina (*endothelin Receptor Antagonists*, ERA)

El sistema de endotelina (ET), especialmente la ET_1, y los receptores de ET_A y ET_B han sido involucrados en la patogenia de la PAH. Los antagonistas del receptor de endotelina son fármacos que bloquean los receptores de endotelina presentes en la membrana que recubre la vasculatura pulmonar.

Tracleer® (bosentán)

Tracleer® es un antagonista del receptor de endotelina que bloquea los receptores de ET_A y ET_B. En grandes cantidades, la endotelina contribuye al estrechamiento de los vasos sanguíneos. Tracleer® ayuda a bloquear los efectos perjudiciales de la endotelina para mejorar el flujo sanguíneo y disminuir la presión arterial pulmonar. Se ha demostrado que Tracleer® mejora los síntomas y la capacidad para realizar las actividades diarias.

Mientras reciba Tracleer®, no debe tomar ciclosporina A ni gliburida. Estos medicamentos pueden provocar que permanezcan en su sangre niveles excesivos de Tracleer® y aumentar las probabilidades de un daño hepático.

Los posibles efectos secundarios son: dolores de cabeza, rubor o sofocos, hinchazón de la pierna/el tobillo, presión arterial baja e inflamación de la garganta y los conductos nasales. Debido a que existe la posibilidad de que Tracleer® provoque un daño hepático, es necesario realizar controles del hígado mensuales. Tracleer® puede causar defectos de nacimiento. Por lo tanto, las pacientes que lo utilicen no deben estar ni quedar embarazadas. Las mujeres que comiencen la terapia deben realizarse una prueba de embarazo en suero al momento de iniciarla y mensualmente (si corresponde). También se les aconseja que utilicen un método anticonceptivo de doble barrera.

Letairis® (ambrisentán)

Letairis® es un antagonista del receptor de endotelina pero un bloqueador más selectivo del receptor de ET_A. Puede ayudar a mejorar el flujo sanguíneo y disminuir la presión arterial pulmonar. Letairis® también puede mejorar su capacidad para realizar ejercicio y ayuda a retrasar el empeoramiento de su condición física y de sus síntomas. Si está utilizando ciclosporina u otro medicamento similar, puede retrasarse la velocidad con la que su cuerpo procesa el ambrisentán.

Los posibles efectos secundarios son: disminución del recuento de glóbulos rojos, hinchazón de las piernas y los tobillos (edema), nariz tapada (congestión nasal), enrojecimiento de la cara (rubor), aceleración en los latidos del corazón (palpitaciones) y trastornos visuales.

Letairis® puede causar defectos de nacimiento. Por lo tanto, las pacientes que lo utilicen no deben estar ni quedar embarazadas. Las mujeres que comiencen la terapia deben realizarse una prueba de embarazo en suero al momento de iniciarla y mensualmente (si corresponde).

Opsumit® (macitentán)

El macitentán es un ERA que ha sido aprobado recientemente para el tratamiento de la hipertensión arterial pulmonar. Al igual que los medicamentos antes mencionados, el macitentán es un antagonista del receptor de endotelina que actúa sobre dos tipos de receptores químicos que controlan la dilatación de los vasos sanguíneos de los pulmones. Se ha demostrado que es más eficaz que el bosentán y que provoca menos irritación en el hígado. Las mujeres que comiencen la terapia deben realizarse una prueba de embarazo en suero al momento de iniciarla y mensualmente (si corresponde).

Análogos de la prostaciclina

La prostaciclina es una sustancia endógena producida por las células endoteliales vasculares que induce la vasodilatación. En los pacientes con PAH se ha identificado un mal funcionamiento de las vías metabólicas de la prostaciclina. Esto representa el motivo de la administración terapéutica exógena de análogos de la prostaciclina, los cuales se mencionan a continuación.

Remodulin® (treprostinil intravenoso)

Remodulin® es una prostaciclina vasodilatadora indicada para el tratamiento de la PAH para disminuir los síntomas asociados al ejercicio. Puede administrarse mediante una pequeña bomba aislada por medio de una infusión subcutánea (SC) continua o una infusión intravenosa (IV) continua. Tiene una vida media de cuatro horas y se mantiene estable a temperaturas de hasta 40° C (104° F), por lo que no se necesitan paquetes de hielo. Los posibles efectos secundarios son: infecciones por el catéter, rubor, dolor en la mandíbula y molestia estomacal.

Tyvaso® (treprostinil inhalatorio)

Tyvaso® es una forma sintetizada de la prostaciclina que se utiliza en el tratamiento de la hipertensión arterial pulmonar. El fármaco se administra mediante la inhalación y debe utilizarse únicamente con el sistema de inhalación Tyvaso.

Si está tomando gemfibrozil o rifampicina, quizás se deban ajustar las dosis de Tyvaso®. Los efectos secundarios más comunes de Tyvaso son: tos, dolor de cabeza, irritación en la garganta, náuseas, enrojecimiento de la cara y el cuello (rubor) y desmayos o pérdida del conocimiento.

Orenitram® (treprostinil oral)

Orenitram® es una forma oral aprobada de treprostinil que ha sido aprobada como la terapia de primera línea para los pacientes que exhiben síntomas de clase II o III. Además, se planea utilizarlo como una terapia adyuvante en los pacientes en los que una monoterapia con otros medicamentos orales de primera línea no es terapéutica. Los efectos secundarios y eventos adversos son similares a los del treprostinil inhalatorio e intravenoso.

Flolan® (epoprostenol)

Flolan® o el epoprostenol es una forma sintetizada de una molécula que se produce naturalmente en el cuerpo humano llamada prostaglandina que ayuda al cuerpo a abrir los vasos sanguíneos. Esta sustancia sintetizada se denomina prostaciclina. Flolan® se administra por vía intravenosa directamente en el torrente sanguíneo por medio de un catéter implantado quirúrgicamente mediante una bomba portátil a batería. Debido a que el fármaco dura solamente entre 3 y 5 minutos, debe administrarse constantemente: se bombea de manera lenta y constante a través del catéter permanente colocado en una vena del cuello o el tórax. La bomba se recarga diariamente con la solución de la mezcla Flolan®. Es importante recordar que este medicamento no puede interrumpirse de forma abrupta. Los efectos secundarios comunes son rubor, dolor de cabeza, dolor en la mandíbula, molestia estomacal y dolor en las articulaciones.

Veletri® (epoprostenol)

Veletri® es el nombre comercial de un fármaco cuyo componente principal es el epoprostenol, que es una prostaciclina. A diferencia de Flolan®, con Veletri® no se necesitan paquetes de hielo ni líquidos de mezcla (diluyentes) especiales para preparar el medicamento.

Ventavis® (iloprost inhalatorio)

El iloprost es un análogo sintetizado de la prostaciclina y actúa dilatando los vasos sanguíneos. Se administra mediante la inhalación, con un dispositivo 1-Neb, un dispositivo inhalatorio para la administración de fármacos pulmonares. Algunos posibles efectos secundarios incluyen: mareos, aturdimiento, desmayos, rubor, aumento de la tos, presión arterial baja, dolores de cabeza y náuseas.

Adempas® (riociguat)

El riociguat es un medicamento recientemente aprobado por la Administración de Alimentos y Medicamentos (*Food and Drug Administration*, FDA) para el tratamiento de la hipertensión pulmonar tromboembólica crónica (CTEPH, grupo IV de la OMS) y la PAH (grupo I de la OMS). Este medicamento es un estimulador del guanilato ciclasa soluble (GCs), que es un receptor del óxido nítrico, un vasodilatador. Se ha demostrado que aumenta la tolerancia al ejercicio y la capacidad funcional. Los efectos secundarios incluyen malestar estomacal y un descenso repentino de la presión arterial.

Capítulo 7

Rehabilitación pulmonar

"Caminar es la mejor medicina para el hombre".

Hipócrates (460 a. C. – 377 a. C.)

Comenzar un programa de rehabilitación pulmonar abarca mucho más que simplemente la fisioterapia. Existen tipos que se focalizan en aspectos como la administración de los medicamentos, el manejo del estrés y el dejar de fumar. La rehabilitación pulmonar puede ayudar a cualquier persona a manejar sus síntomas y retrasar el avance de la enfermedad pulmonar. Si bien los resultados varían de persona a persona, el objetivo primordial es aumentar la independencia, reducir las hospitalizaciones y mejorar la calidad de vida.

Objetivos de la rehabilitación pulmonar
- Menos hospitalizaciones.
- Mejorar las actividades de la vida diaria.
- Concientización sobre la alimentación.
- Educación.
- Reducción de los episodios de falta de aliento.

Recompensas físicas y emocionales de hacer ejercicio
- Mejora la circulación del flujo sanguíneo y la oxigenación del cuerpo.
- Disminuye las hormonas de estrés.
- Estos cambios ayudan a evitar la depresión.

¿Qué debo esperar de la rehabilitación pulmonar?

La estructura de los programas de rehabilitación pulmonar varía según los distintos centros. La mayoría de los programas se ofrecen en clases grupales, mientras que otros se llevan a cabo de manera individual. Muchos programas recomiendan ir acompañado por familiares y amigos. Tenga en cuenta que siempre debe consultarle a un médico antes de intentar un programa de ejercicios nuevo o modificado, especialmente si actualmente no está realizando ninguna actividad física.

Antes de comenzar, un integrante del equipo de rehabilitación pulmonar se reunirá con usted para hablar acerca de su enfermedad pulmonar crónica y el efecto físico y emocional que tiene sobre usted. Es posible que tenga que realizar un pequeño cuestionario sobre enfermedades pulmonares y que se le pida que establezca objetivos para su mejora. Vístase con ropa y calzado cómodos para su primera clase. Asegúrese de llevar su inhalador de acción rápida, equipo de suministro de oxígeno y otros medicamentos que le hayan recetado.

Antes de iniciar la rehabilitación pulmonar, un integrante del equipo medirá la distancia que puede caminar en seis minutos (prueba de caminata de 6 minutos) mientras un dispositivo llamado pulsioxímetro determina la saturación de oxígeno en su sangre por medio de un sensor colocado en un dedo de la mano o en su frente. Los resultados de esta prueba ayudarán al equipo de rehabilitación a evaluar su capacidad funcional para realizar ejercicio y a desarrollar un programa de ejercicios diseñado para sus capacidades.

Entrenamiento físico

Con el transcurso de las semanas dentro del programa de rehabilitación, practicará un régimen de estiramiento muscular, actividades aeróbicas como caminar y ejercicios de fuerza con pesas y bandas de resistencia. Un programa de ejercicios típico destaca el entrenamiento de resistencia durante 30 a 40 minutos, repetido al menos tres, pero preferentemente de cinco a siete, veces por semana.

También es importante hacer ejercicio en el hogar. Esta "tarea para el hogar" incluye caminar, elongar, levantar peso, andar en bicicleta, nadar o realizar otras actividades recomendadas por su equipo de rehabilitación. Mantenga esta rutina incluso después de terminar la rehabilitación para garantizar su eficacia a largo plazo. Los pacientes que abandonan el ejercicio después de la rehabilitación, en general, vuelven a su estado de salud previo dentro de los 12 a 18 meses posteriores.

El equipo de rehabilitación también le enseñará a conservar la energía y controlar su ritmo al realizar ejercicio o sus actividades diarias. Le mostrarán estrategias que lo ayudarán a reducir sus episodios de falta de aliento.

Mantenga sus vacunas al día

Tenga una actitud activa en las consultas médicas y asegúrese de estar al día con todas sus vacunas y las renovaciones de las recetas de sus medicamentos. Es importante para cualquier persona con enfermedad pulmonar avanzada estar al día con sus vacunas para prevenir nuevas complicaciones de su afección existente (consulte el Apéndice 3).

Ejercicios de respiración

Respiración con los labios fruncidos y respiración diafragmática

Muchas personas con enfermedad pulmonar crónica descubren que realizan menos ejercicio. Creen que sentir que les falta de aliento y cansarse debe significar que la actividad está dañando sus pulmones y su corazón y que es mejor descansar. Esto no es cierto. Si no se realiza ejercicio, los músculos se debilitan y uno se vuelve menos capaz de realizar las actividades que desea. Al ejercitar los músculos con regularidad, estos son capaces de trabajar más con una menor cantidad de oxígeno. Es importante que se mantenga lo más activo posible. Si realiza estos ejercicios de respiración, podrá realizar más actividades sin tener que detenerse porque le falte el aliento. Los objetivos de los ejercicios de respiración son:

- Mejorar la respiración abdominal y el funcionamiento del diafragma.
- Controlar la frecuencia respiratoria y disminuir el trabajo respiratorio.
- Contribuir a la relajación y, de este modo, aliviar la disnea.
- Aumentar la fuerza, la coordinación y la eficacia de los patrones de respiración.
- Prevenir o revertir la atelectasia (el colapso pulmonar).
- Movilizar y mantener la movilidad de la pared torácica.

Respiración con los labios fruncidos

La respiración con los labios fruncidos es eficaz en la reducción de la frecuencia respiratoria y el alivio de la disnea. Se ha sugerido que este método de respiración podría mejorar la ventilación y la oxigenación.

- Relaje los músculos del cuello y los hombros.
- Inhale lentamente por la nariz hasta contar al menos hasta 2.
- Frunza los labios como si fuera a soplar una vela.

- Exhale lenta y suavemente a través de los labios fruncidos durante al menos el doble del tiempo que inhaló.

Objetivos terapéuticos
- Aliviar la dificultad para respirar y disminuir la frecuencia respiratoria.
- Aumentar la tolerancia al ejercicio y fortalecer los músculos.

Objetivos fisiológicos
- Aumentar la ventilación alveolar.
- Aumentar la oxigenación.
- Reducir el trabajo respiratorio.
- Disminuir la presión de dióxido de carbono.

Resultados potenciales
- Fortalecimiento de los principales músculos.
- Aumento de la presión de oxígeno arterial.
- Disminución de la presión de dióxido de carbono.
- Aumento de la tolerancia al ejercicio.

Los pacientes con EPOC con frecuencia utilizan la respiración con los labios fruncidos de forma espontánea. Se han informado dos métodos de respiración con los labios fruncidos. El método preferido propone una exhalación pasiva y el otro sugiere una contracción muscular abdominal por medio de la exhalación. En el último caso, se le debe enseñar a los pacientes a no exhalar con fuerza ya que este método aumenta el colapso de los bronquiolos. Puede practicar este método de respiración en cualquier momento y lugar. Si está mirando televisión, practique durante los comerciales. Intente practicar varias veces al día. Con el transcurso del tiempo, la respiración con los labios fruncidos le parecerá natural.

- Utilice la respiración con los labios fruncidos para prevenir la falta de aliento al realizar actividades tales como hacer ejercicio, subir escaleras, agacharse o levantar peso.
- Exhale durante la parte difícil de cualquier actividad, por ejemplo al agacharse, levantar peso o estirarse.
- Siempre exhale durante un tiempo mayor al que inhala. Esto permite que sus pulmones se vacíen lo máximo posible.
- Nunca aguante la respiración al utilizar la respiración con los labios fruncidos.

Respiración diafragmática

El diafragma es el músculo más eficaz para respirar. Es un músculo grande con forma de cúpula ubicado debajo de los pulmones. Los músculos abdominales ayudan a mover el diafragma y le otorgan más energía para vaciar los pulmones. La EPOC puede impedir que el diafragma funcione de manera adecuada. Al tener una enfermedad pulmonar, con frecuencia queda aire atrapado dentro de los pulmones y esto empuja el diafragma hacia abajo. En este caso, aumenta el trabajo de los músculos del cuello y el tórax durante la respiración. Esto puede debilitar y aplanar el diafragma, lo que disminuye su eficacia al trabajar. La respiración diafragmática está pensada como una ayuda para utilizar el diafragma de manera correcta al respirar y:

- Fortalece el músculo del diafragma.
- Disminuye el trabajo respiratorio mediante la disminución de la frecuencia cardíaca.
- Disminuye la demanda de oxígeno.
- Utiliza menos esfuerzo y energía para respirar.

Técnica de respiración diafragmática

- Si se le ha recetado un broncodilatador inhalatorio, tome este medicamento antes de comenzar los ejercicios de respiración diafragmática.
- Acuéstese con la cabeza inclinada hacia arriba o siéntese cómodo con las rodillas dobladas y los hombros, la cabeza y el cuello relajados.
- Coloque una mano sobre su estómago justo debajo de donde termina el esternón. Esta mano le hará saber cuando su diafragma esté presionado contra su abdomen ya que el estómago se empujará hacia afuera.
- Coloque la otra mano sobre la parte superior del pecho. Utilice esta mano para conocer cuánto movimiento realizan sus músculos del tórax.
- Inhale lentamente por la nariz y permita que su estómago se expanda hacia afuera. Sienta la presión sobre su estómago e intente evitar que se mueva la parte superior del tórax.
- Exhale lentamente. Acuérdese de utilizar la respiración con los labios fruncidos.

- Intente utilizar solamente el diafragma, metiendo el abdomen todo lo que pueda.
- Incluya períodos de descanso.
- Repita este ejercicio hasta que se sienta cómodo utilizando la respiración diafragmática y la respiración con los labios fruncidos en conjunto estando acostado y, luego, practique los ejercicios sentado. Más adelante, intente realizar los ejercicios estando parado y, luego, en una posición inclinada hacia adelante.

Ejercicios físicos

Ejercicios de estiramiento y fortalecimiento muscular

Programa de estiramiento y flexibilidad: salvo que se indique lo contrario, cada ejercicio de elongación debe realizarse 3 veces por semana y mantenerse durante 30 segundos. Evite los movimientos bruscos o los rebotes. Un período de descanso de 5 segundos entre cada repetición es suficiente. Al realizar estos estiramientos, es posible que experimente algunas molestias menores, o un incluso una leve "quemazón" en el músculo. No debe experimentar ningún dolor en las articulaciones. Si siente cualquier tipo de dolor en las articulaciones, interrumpa el ejercicio y consúltele a su terapeuta.

Ejercicios de flexibilidad: estos ejercicios deben realizarse 5 veces por semana antes de los ejercicios de las extremidades inferiores (cinta caminadora, bicicleta fija o caminata libre).

Programa de ejercicios de resistencia para la parte inferior del cuerpo: se deben realizar ejercicios de estiramiento muscular antes de entrenar la parte inferior del cuerpo y un enfriamiento inmediatamente después durante aproximadamente 3 minutos. Al principio, realice ejercicio durante 10 minutos todos los días y, luego, aumente a 20 minutos. Después de poder realizar 30 minutos de ejercicio continuo, aumente la intensidad. El objetivo es completar 30 minutos de ejercicio continuo. Si el ejercicio que realiza es caminata libre, recuerde hacerlo con los brazos colgando con soltura y el tórax y los hombros relajados. Los ejercicios de la parte inferior del cuerpo deben realizarse 5 veces por semana.

Programa de entrenamiento de fuerza y de la parte superior del cuerpo: las elevaciones de brazos al principio deben realizarse sentado en una silla y sin peso durante 10 minutos. Cuando pueda completar 10 minutos de ejercicio continuo, agregue pesas de ¼ o ½ kg (½ o 1 lb) a su rutina. Se pueden utilizar bandas elásticas (Therabands) o pesas para fortalecer el cuerpo. Debe realizar entre 5 y 6 ejercicios diferentes tanto para la parte inferior del cuerpo como para la superior. Al principio, debe realizar sesiones de solamente 10 repeticiones de cada ejercicio. Aumente de manera gradual hasta 20 a 30 repeticiones por sesión y, luego, aumente la intensidad. Todos los ejercicios de fortalecimiento deben realizarse de manera lenta y controlada. Evite los movimientos bruscos o repentinos ya que pueden distender los músculos y comprometer la respiración. El entrenamiento de fuerza y de la parte superior del cuerpo debe realizarse 3 veces por semana.

A continuación, presentamos un modelo de un régimen de ejercicio físico que puede resultarle útil. Tenga en cuenta que su médico debe revisar su plan de ejercicios para asegurarse de que no esté corriendo el riesgo de sufrir una lesión. La duración y los límites de peso deben decidirse después de consultarle a un fisioterapeuta, un terapeuta respiratorio y su médico.

NO aguante la respiración durante estos ejercicios. Inhale por la nariz y exhale a través de los labios fruncidos al hacer fuerza.

Ejercicios de estiramiento muscular

Los siguientes ejercicios están diseñados para aumentar la fuerza de diversos grupos musculares de manera gradual. Fortalecer sus músculos contribuirá a mejorar su estado de salud general y también, lo que es más importante, lo ayudará a optimizar su función pulmonar. Todos los ejercicios deben realizarse bajo supervisión al principio. Los ejercicios de levantamiento de pesas deben realizarse con un peso que le resulte cómodo. Recuerde no exigirse de más. Pueden realizarse en grupos de 3 repeticiones o de la cantidad que pueda realizar cómodamente.

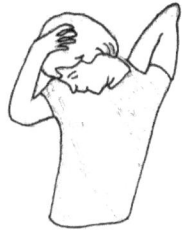

Columna cervical y cuello
Flexibilidad del cuello

Ejercicio 1
- Coloque la mano en el omóplato del mismo lado.
- Con la otra mano, empuje suavemente la cabeza hacia abajo y hacia afuera.

- Manténgase así durante 3 segundos.

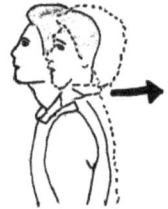

Ejercicio 2

- Agarre suavemente un lado de la cabeza mientras coloca la otra mano detrás de la espalda.
- Incline la cabeza hacia afuera hasta sentir que se estira sin causarle dolor.
- Manténgase así durante 3 segundos.

Flexibilidad: retracción del cuello

- Tire la cabeza hacia atrás manteniendo la mandíbula y los ojos en el mismo nivel.
- Manténgase así durante 3 segundos.

Columna cervical, fase I: encogimiento de hombros

- Mueva los hombros hacia arriba y abajo, hacia adelante y atrás.
- Mantenga cada posición durante un segundo.

Flexibilidad: estiramiento de esquina

- Párese en una esquina con las manos al nivel de los hombros y los pies a una distancia cómoda de la pared, inclínese hacia adelante hasta sentir que el tórax se estira sin causarle dolor.
- Manténgase así durante 2 segundos.

Fase II: encogimiento de hombros con resistencia

- Mueva los hombros hacia arriba y abajo, hacia adelante y atrás con tubos elásticos/mancuernas.

Espalda: rotación lumbar estando sentado

- Rote suavemente el tronco de un lado a otro con movimientos pequeños e indoloros.

Espalda: estiramiento lumbar estando sentado

- Siéntese en una silla con las rodillas separadas. Agáchese hacia el piso.
- Sentirá que la zona lumbar se estira sin causarle dolor.

Cadera y rodilla: estiramiento del tendón de la corva estando parado
- Lleve la rodilla hacia el pecho hasta sentir un estiramiento fácil.

Estiramiento de las pantorrillas
- Estire la pierna hacia adelante.
- Mueva los dedos de los pies hacia atrás en dirección a las rodillas mientras empuja el talón hacia adelante.

Cadera y rodilla: estiramiento de los gemelos
- Manteniendo la pierna derecha y el talón sobre el suelo y ligeramente hacia afuera, inclínese sobre una pared hasta sentir que se estira la pantorrilla.

Cadera y rodilla: estiramiento del sóleo
- Manteniendo la pierna ligeramente doblada y el talón sobre el suelo y ligeramente hacia afuera, inclínese sobre una pared hasta sentir que se estira la pantorrilla.

Estiramiento de cuádriceps
- Lleve el talón hacia el glúteo hasta sentir que la parte delantera del muslo se estira.

Hombro: ejercicios de amplitud de movimiento (actividades de autoestiramiento)
Rotación externa (alternada)
- Apoyando la palma de la mano sobre el marco de una puerta y con el codo flexionado en un ángulo de 90 grados, gire el cuerpo en dirección opuesta a la mano apoyada hasta sentir un estiramiento.

Columna cervical: estiramiento de las vértebras cervicales inferiores y dorsales superiores
- Junte las palmas de las manos delante suyo con los brazos estirados. Separe los omóplatos suavemente e incline la cabeza hacia adelante.

Estiramiento del pecho/los bíceps
- Enlace los dedos detrás de la espalda y apriete los omóplatos para unirlos. Suba y estire los brazos lentamente.

Ejercicios de fortalecimiento: bíceps

- Párese derecho o siéntese en una silla.
- Sostenga las mancuernas con los brazos estirados, con las palmas hacia adentro.
- Mantenga la espalda derecha, la cabeza derecha y la cadera y las piernas firmes.
- Lleve la mancuerna en la mano derecha hacia abajo con la palma hacia adentro hasta pasar el muslo y luego gire la palma hacia arriba y lleve la mancuerna hasta el hombro.
- Mantenga las palmas hacia arriba al bajar los brazos hasta pasar el muslo y, luego, gire las palmas hacia adentro.
- Mantenga la parte superior de los brazos cerca del costado del cuerpo.
- Realice una repetición con el brazo derecho y después con el brazo izquierdo o realice el ejercicio con los dos brazos al mismo tiempo.

Tríceps

- Párese derecho o siéntese en una silla.
- Sostenga una mancuerna con la mano derecha, levántela sobre la cabeza y estire el brazo, con su parte superior cerca de la cabeza.
- Baje la mancuerna con un movimiento semicircular detrás de la cabeza hasta que el antebrazo toque el bíceps.
- Vuelva a la posición inicial y repita el ejercicio con el brazo izquierdo.

Flexión de hombros

- Comience con los brazos a los costados.
- Levante los brazos hacia el techo, manteniéndolos estirados.

Hombros: ejercicios progresivos de resistencia, abducción (estando parado)

- Levante los brazos, alejándolos del cuerpo.

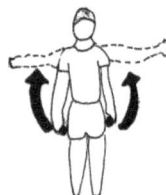

Elevaciones de rodilla

- Repítalas la cantidad de veces que desee.

Extensión de la rodilla estando sentado

- Estando sentado, estire la pierna lentamente. Vuelva a la posición inicial lentamente.

Flexión de rodilla
- Estando parado, flexione la rodilla lo más arriba posible.
- Manténgase así durante 2 segundos.

Flexión de cadera
- Flexione la cadera teniendo algún tipo de apoyo para mantener el equilibrio.
- Manténgase así durante 2 segundos.

Elevaciones de talón
- Repítalas la cantidad de veces que desee.

Extensión de la cadera
- Extienda la cadera teniendo algún tipo de apoyo para mantener el equilibrio.
- Manténgase así durante 2 segundos.

Abducción de la cadera
- Levante la pierna hacia el costado.
- Manténgase así durante 2 segundos.

Ejercicios con bandas elásticas

Flexión de hombros

- Párese o siéntese sobre una superficie firme y sostenga la banda elástica a la altura de la cadera o de la cintura.
- Apunte con el pulgar hacia el techo. Con el codo estirado, levante una mano en dirección al techo.
- Mantenga esta posición. Vuelva a la posición inicial.

Apertura de pecho

- Siéntese o párese con los pies separados a la altura de los hombros.
- Sostenga la banda en forma horizontal delante de su cuerpo con los codos ligeramente flexionados.

- Estire la banda elástica hacia afuera, a la altura del pecho.
- Mantenga esta posición. Vuelva a la posición inicial.

Extensión de hombros

- Sostenga la banda elástica con las palmas, elevando los brazos por encima de la cabeza.
- Apunte con los pulgares hacia el techo. Baje el brazo.
- Mantenga esta posición. Vuelva a la posición inicial.

Remo sentado

- Siéntese con las piernas estiradas y la espalda derecha.
- Coloque la banda elástica debajo de ambos pies y sostenga los dos extremos con los codos estirados.
- Manteniendo los brazos cerca de los costados del cuerpo, lleve los brazos/codos hacia atrás.
- Mantenga esta posición y baje los brazos lentamente. Vuelva a la posición inicial.

Otros ejercicios que puede realizar en su hogar

Aducción de los hombros

- Ate la banda elástica a un brazo de distancia y a la altura de los hombros.
- Mantenga los codos estirados. Tire de la banda elástica hacia la línea media del cuerpo con un movimiento de barrido.
- Mantenga esta posición. Vuelva a la posición inicial.

Rotación externa isométrica

- Con el brazo recogido al costado del cuerpo, presione el dorso de la mano contra una pared.

- Manténgase así durante 3 segundos.

Mano: apretar una toalla enrollada

- Con el antebrazo apoyado sobre una superficie, apriete suavemente la toalla.

Supinación / Pronación

- Mantenga el codo flexionado y cerca del costado del cuerpo.
- Gire la palma hacia el techo.
- Gire la palma hacia el suelo.
- Recuerde mantener los codos a los costados.

Espalda: retracción escapular bilateral

- Envuélvase los puños con el tubo elástico.
- Tire los brazos hacia atrás mientras acerca los omóplatos entre sí, como si estuviera remando.

Pie y tobillo: elevaciones del pie estando sentado

- Levante los dedos de los pies del suelo. Mantenga los talones sobre el suelo.

Elevación de talón estando sentado

- Eleve los talones sobre los metatarsos.

Flexión de cadera estando sentado

- Siéntese en una silla alta, una banqueta o una mesa.
- Estire la banda elástica (Theraband) a lo largo del muslo.
- Levante la cadera y el muslo de la mesa, estirando la banda.

Cadera y rodilla: flexión de cadera con resistencia

- Con un extremo del tubo elástico envuelto en un tobillo y el otro extremo bien enganchado en la jamba de una puerta, lleve la pierna hacia adelante, manteniendo la rodilla estirada.

Extensión de cadera con resistencia

- Con un extremo del tubo elástico envuelto en un tobillo y el otro extremo bien enganchado en la jamba de una puerta, mire hacia la puerta y lleve la pierna estirada hacia atrás.

Abducción de la cadera con resistencia

- Con un extremo del tubo elástico envuelto en una pierna y el otro extremo bien enganchado en la jamba de una puerta, párese de costado a la puerta y extienda la pierna hacia el costado.

Deslizamiento en pared

- Apoyado sobre una pared, baje las nalgas lentamente hacia el piso hasta que sus muslos estén paralelos al suelo. Manténgase así durante 2 segundos.
- Contraiga los músculos de los muslos al pararse.

Ejercicios de espalda

Ejercicios para disminuir la tensión en la espalda

Lleve una rodilla hacia el pecho hasta sentir que la zona lumbar y las nalgas se estiran sin causarle dolor. Manténgase así durante 5 segundos. Repita el ejercicio 5 veces con cada pierna.

Acuéstese boca abajo. Levante la mitad superior del cuerpo lo más alto posible, dejando la cadera y las piernas apoyadas. Mantenga esta posición durante 5 segundos. Repita el ejercicio 5 veces.

Ejercicios para fortalecer los músculos

Apóyese sobre los codos lo más alto posible. Mantenga la cadera apoyada en el suelo. Mantenga esta posición durante 5 segundos. Repita el ejercicio 5 veces.

Mantenga la rodilla estirada y levante la pierna hasta la altura de la cadera. Manténgase así durante 5 segundos. Repita el ejercicio 5 veces.

Lleve ambas rodillas hacia el pecho. Intente tocarse la frente con las rodillas hasta que sienta que la zona lumbar se estira sin causarle dolor. Mantenga esta posición durante 5 segundos. Repita el ejercicio 5 veces.

Párese con los pies ligeramente separados y coloque las manos sobre la zona inferior de la espalda, manteniendo las rodillas estiradas. Inclínese hacia atrás desde la cintura lo máximo posible y mantenga esta posición durante 4 segundos. Repita el ejercicio 5 veces.

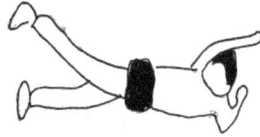

Con el abdomen sobre una almohada, sujétese las manos detrás de la espalda y levante la parte superior del cuerpo del suelo. Manténgase así durante 5 segundos. Repita el ejercicio 5 veces.

Levante al mismo tiempo una pierna estirada y el brazo opuesto a ella a una distancia de aproximadamente 15 centímetros (6 pulgadas) del suelo. Manténgase así durante 5 segundos. Repita el ejercicio 5 veces.

Ejercicios de cuello

Doble el cuello hacia adelante (flexión) y hacia atrás (extensión) en toda su extensión, tal como se muestra en la imagen.
Manténgase así durante un rato y luego vuelva a la posición normal. Repita el ejercicio 5 veces.

Mantenga la mano como se muestra en la imagen, gire el hombro tanto en el sentido de las agujas del reloj como en el sentido contrario y, luego, vuelva a la posición normal.

Flexione el cuello hacia el costado tal como se muestra en la imagen. Manténgase así durante un rato. Repita el ejercicio 5 veces.

Levante el hombro tal como se muestra en la imagen. Manténgase así durante un rato y, luego, vuelva a la posición normal. Repita el ejercicio 5 veces.

Utilice la mano como resistencia para forzar la flexión y la extensión. Manténgase así durante un rato. Repita el ejercicio 5 veces.

Utilice una almohada delgada y suave o un cojín con forma de hueso para perros (como se muestra en la imagen), el cual puede crear usted mismo sacándole parte del relleno de algodón de la parte del medio.

Ejercicios de Yoga

El Surya Namaskar (saludo al sol) es una secuencia de yoga que utiliza diferentes *asanas* (posiciones). Sus orígenes provienen de la India, donde se cree que el saludo al sol naciente infunde energía al cuerpo. Las anteriores secuencias de movimientos y *asanas* pueden practicarse con diversos niveles de concentración, que varían desde distintos estilos de ejercicios físicos hasta una meditación completa.

Cómo medir la intensidad del ejercicio

Es difícil medir la cantidad de energía que se utiliza durante el día. Existen algunas técnicas que puede utilizar para intentar cuantificar la cantidad de energía que gasta al realizar sus actividades cotidianas y ejercicio físico.

- **Prueba de habla:** La prueba de habla le permite calcular la intensidad de su actividad física. Al realizar una actividad de baja intensidad, una persona debería poder cantar sin que le falte el aliento. Al hacer un ejercicio moderado, debería poder sostener una conversación normal. Al realizar una actividad física intensa, se jadea demasiado como para poder mantener una conversación normal.

- **Frecuencia cardíaca:** Si su objetivo es mejorar el estado de su corazón y pulmones, debe llevar su frecuencia cardíaca hasta lo que se denomina "zona de frecuencia cardíaca objetivo". Al dejar de hacer ejercicio, tómese el pulso rápidamente para averiguar la cantidad de latidos por minuto (consulte la imagen). Calcule su frecuencia cardíaca máxima restándole a 220 su edad. La zona de frecuencia cardíaca objetivo debe estar entre el 50 y el 75 % de la frecuencia cardíaca máxima. Por ejemplo, si tiene 50 años, su frecuencia cardíaca máxima es 170 y su zona de frecuencia cardíaca objetivo es de 85 a 127.

El rango de mi frecuencia cardíaca objetivo es: ……….. latidos por minuto (lpm).

- **Escala de esfuerzo percibido:** una medición que permite asignarle un valor numérico a lo que se siente en términos de estrés físico y cansancio. La escala va de 6 (en reposo) a 20 (máximo esfuerzo).

Puntuación del esfuerzo	Nivel de esfuerzo
6	Ningún esfuerzo.
7-8	Extremadamente leve.
9-10	Muy leve.
11-12	Leve.
13-14	Algo arduo.
15-18	Arduo (pesado).
19	Extremadamente arduo.
20	Esfuerzo máximo.

- **Equivalente metabólico de tareas (*metabolic equivalent of task*, MET):** también llamado simplemente equivalente metabólico, es una medición que se ha creado para expresar el costo energético de las actividades físicas. A continuación, presentamos una tabla que representa las actividades cotidianas.

Tabla 3: Niveles representativos del gasto energético (en MET).

MET de 1,5 a 2	MET de 4 a 5
<ul><li>Caminar a 1,60 km/h (1 mph).</li><li>Estar parado.</li><li>Conducir un vehículo.</li><li>Estar sentado frente al escritorio o escribir a máquina.</li></ul>	<ul><li>Calistenia.</li><li>Andar en bicicleta a 9,66 km/h (6 mph).</li><li>Jugar al golf (y llevar los palos).</li><li>Jugar al tenis (dobles).</li></ul>
MET de 2 a 3	**MET de 5 a 6**
<ul><li>Caminar a una velocidad entre 4,02 y 4,83 km/h (entre 2,5 y 3 mph).</li><li>Limpiar los muebles, tareas hogareñas livianas.</li><li>Preparar una comida.</li></ul>	<ul><li>Caminar a 6,44 km/h (4 mph).</li><li>Cavar en el jardín.</li><li>Andar en patines o patinar sobre hielo a 14,48 km/h (9 mph).</li><li>Realizar trabajos de carpintería.</li></ul>
MET de 3 a 4	**MET de 6 a 7**
<ul><li>Barrer.</li><li>Planchar.</li><li>Caminar a 4,83 km/h (3 mph).</li><li>Jugar al golf (con un carro eléctrico).</li><li>Empujar una cortadora de césped liviana.</li></ul>	<ul><li>Bicicleta fija (intensa).</li><li>Jugar al tenis (singles).</li><li>Palear la nieve.</li><li>Cortar el césped (sin una cortadora eléctrica).</li></ul>

Cómo utilizar la energía de manera más eficaz

De la misma forma en que existen recursos energéticos limitados en el mundo, la energía de nuestros cuerpos también es limitada. Y de la misma forma en que se nos fomenta ser ecológicos apagando las luces y gastando menos gasolina, debe encontrar formas de hacer que su propia energía dure más. Si se utiliza la energía con eficacia, se pueden hacer más cosas. Las claves para utilizar la energía de manera eficaz son: establecer prioridades, planificar y moderar el ritmo.

El primer paso es establecer prioridades. ¿Cuáles son las actividades que debe realizar diaria, semanal o mensualmente? ¿Cuáles de estas actividades puede realizar y desea seguir realizando y cuáles de ellas realiza por costumbre más que por necesidad o deseo? ¿Qué tareas puede realizar con ayuda y cuáles puede delegar a otra persona? Recuerde incluir el ejercicio regular y actividades recreativas placenteras en su rutina diaria.

La planificación lo ayudará a completar la tarea de la manera más eficiente. Esta incluye decidir dónde realizar la actividad, cuándo realizarla y qué herramientas o equipamiento se necesitan.

Moderar el ritmo significa trabajar a una velocidad moderada en lugar de rápida. También significa alternar entre tareas pesadas y livianas, y espaciar las actividades extenuantes a lo largo del día o la semana. Y también tomar descansos de 10 minutos cada hora y programar períodos de reposo cortos (de 20 a 30 minutos) dos veces al día. A continuación, presentamos una lista de actividades comunes y sugerencias para utilizar estrategias de eficacia energética al realizarlas.

Cómo lidiar con los problemas respiratorios

Una vez que haya hablado con su médico, es posible que descubra que los consejos básicos que se mencionan a continuación también pueden ayudarlo a manejar sus síntomas.

- Establezca cuáles son sus prioridades. Utilice su energía en las cosas que más le importan primero y avance en la lista.
- Si puede, siéntese para realizar actividades tales como preparar la comida, afeitarse o lavar los platos.

- Planifique con anticipación para equilibrar el tiempo y la energía.
- Realice ejercicio, ¡pero no de más! Comience lentamente y relajado. Unos pocos minutos al día pueden hacer una gran diferencia a largo plazo.
- Ingiera comidas pequeñas y saludables. De esta forma, no solamente mantendrá un flujo regular de nutrientes y energía sino que, además, las comidas abundantes ocupan espacio que sus pulmones podrían utilizar para respirar.
- Evite los alimentos que le provoquen gases o estreñimiento, ya que esto también ocupa espacio que podrían utilizar sus pulmones.
- Beber grandes cantidades de líquido puede ayudar a diluir la flema. Si tose, esto facilitará la descongestión de los pulmones y las vías respiratorias.

Capítulo 8
Mantenimiento de la salud

"Mantener el cuerpo en buen estado de salud es un deber... de lo contrario, no podremos mantener la mente fuerte y clara".

Buda (563 a. C. – 483 a. C.)

Si bien su médico le ofrece la mejor manera de manejar su enfermedad desde el punto de vista médico, a fin de cuentas, usted es el encargado de cuidar su propia salud. En esta sección, encontrará consejos prácticos acerca de cómo manejar su salud y otras sugerencias que harán que su vida sea más fácil, más saludable y más positiva.

Visite a su médico con regularidad.
Incluso si se siente bien, respete su cronograma de citas. Programe su próxima consulta cuando esté en el consultorio para no olvidarse. Asegúrese de informarle a su médico, además de los medicamentos recetados, cualquier vitamina, suplemento herbal o medicamento alternativo que esté utilizando. También es importante que le comunique cualquier alergia a alimentos o medicamentos. Las alergias comunes incluyen las alergias al maní, la leche, la soja, las nueces, el huevo y el trigo.

Tome sus medicamentos de la forma recetada.
Lleve a todas las visitas médicas una lista actualizada de todos sus medicamentos para ajustarla a su historia clínica. Proporciónele a su médico el número de una farmacia de pedido por correo y el de una farmacia local. Si está en tratamiento con CPAP/BiPAP/nebulizador, proporciónele a su médico el número de la empresa de equipos médicos durables que utiliza. Antes de irse del consultorio del médico, asegúrese de haber solicitado la renovación de sus recetas. Quizás tenga más de una afección médica que deba considerarse al armar un plan alimentario, por lo que debe hablar siempre con su proveedor de asistencia médica o nutricionista certificado antes de realizar cambios en su dieta. Establezca un sistema que lo ayude a acordarse de tomar sus medicamentos en los momentos apropiados. El día de la cita, programe el tiempo para tomar sus medicamentos.

Monitoree su afección y sus síntomas.

Antes de ir a la consulta médica, anote todas las preguntas o temas que quiera conversar con su médico. Además, lleve un registro de su presión arterial, azúcares y saturación de oxígeno. Asegúrese de hablar acerca de todos sus análisis de laboratorio actuales y anteriores. Registre la fecha de todas sus pruebas de diagnóstico anteriores, tales como ecocardiogramas, ergometrías y pruebas radiológicas.

Deje de fumar.

Una de las mejores maneras de realizar un cambio positivo para su afección cardiopulmonar es dejar de fumar (consulte el Capítulo 10). De ser posible, reduzca los irritantes presentes en el aire donde vive y trabaja, por ejemplo, evitando el uso de fijador para el cabello y otros aerosoles.

Manténganse activo y fortalézcase.

Converse con su médico sobre qué actividades son apropiadas para que haga. Con el ejercicio regular, es posible que descubra una mejora con respecto a sus síntomas, apetito, patrones de sueño y sensación general de bienestar. La actividad física regular reduce el riesgo de desarrollar una enfermedad cardíaca o un accidente cerebrovascular. También ayuda a reducir o controlar otros factores de riesgo, como hipertensión, colesterol alto en la sangre, sobrepeso y diabetes. Pero los beneficios no terminan aquí. Podría verse y sentirse mejor, volverse más fuerte y más flexible, tener más energía y reducir la tensión y el estrés. El momento de comenzar es ahora.

Realice ejercicio con regularidad.

Caminar es una activad excelente. Comience a caminar a una velocidad lenta y cómoda durante un período corto de tiempo (pruebe con 5 o 10 minutos) entre tres y cinco días por semana. Cuando pueda caminar todo el tiempo sin parar a descansar, puede ir aumentando la duración de la caminata de a 1 o 2 minutos cada semana. Una señal de un estilo de vida saludable es dar 10.000 pasos por día. Puede controlar los pasos que realiza por día con un podómetro, que puede adquirir en la mayoría de las tiendas de deportes o salud. Elija actividades que disfrute. Elija una fecha para comenzar que se adapte a sus horarios y le proporcione el tiempo suficiente para empezar su programa, por ejemplo un sábado. Los siguientes son algunos consejos para ayudarlo a realizar ejercicio:

- Vístase con ropa y calzado cómodos.
- Comience de a poco: no se exija de más.
- Intente realizar ejercicio siempre a la misma hora para que se vuelva una parte habitual de su estilo vida. Por ejemplo, puede caminar todos los días (a la hora del almuerzo) de 12:00 a 12:30 o comenzar todas las mañanas con un estiramiento muscular y entrenamiento de fuerza.
- Beba mucha agua antes, durante y después de cada sesión de ejercicios.
- Pídale a un amigo que comience un programa con usted.
- Anote los días que realiza ejercicio, la distancia o la duración de su entrenamiento y cómo se siente después de cada sesión. También puede anotar si sus músculos están cansados al día siguiente.
- Si pierde un día, planifique un día de recuperación. No duplique el tiempo de ejercicio en la siguiente sesión.

Conserve su energía: a pesar de que el ejercicio es una parte esencial de la terapia, es importante que no se exija de más, ya que esto en realidad puede empeorar su respiración.

Tenga una actitud positiva: intente no comparase con otras personas. Su objetivo debe ser su propia salud y estado físico. Piense si le gusta realizar ejercicio solo o con otras personas, al aire libre o bajo techo, cuál es el mejor momento del día para usted y qué clase de ejercicio disfruta más.

- Únase a un grupo de apoyo.
- Súmese a una clase de ejercicios.
- Realice ejercicio con amigos o familiares para que lo ayude a motivarse.

Relájese: cuando se sienta estresado, considere utilizar una de las estrategias para reducir el estrés que se mencionan más adelante en este capítulo.

Mantenga un peso saludable: un aumento del peso corporal aumenta la exigencia al corazón y los pulmones. Para mantener un peso saludable, ingiera porciones más pequeñas, realice ejercicio con mayor frecuencia y hable con su médico especializado en el control de la pérdida de peso.

Respire un aire más limpio: es importante mantenerse alejado del cigarrillo así como del humo ambiental de tabaco, los irritantes, el moho y cualquier otro desencadenante respiratorio. Utilice un aire acondicionado y cámbiele el filtro de aire con frecuencia para mantener el aire más limpio, con menos humedad y más agradable de respirar.

Rehabilitación pulmonar: participe de un programa de rehabilitación pulmonar, tal como se menciona anteriormente (consulte el Capítulo 7).

Vacunas: es muy importante que esté al día con las vacunas. Para obtener más información con respecto a la vacunación, consulte el Capítulo 4 y el Apéndice 3.

Respete el plan: si desea optimizar su salud, respete su tratamiento pulmonar, incluso si pareciera que no hace una gran diferencia. Respete su plan de manejo durante el transcurso del tratamiento; habrá altibajos. No deje que el éxito o el fracaso del funcionamiento de un tratamiento afecten su rutina. Siga su plan de tratamiento y si tiene alguna pregunta, hable con su médico.

Manténgase motivado para alcanzar una salud óptima

- Realice ejercicios diferentes para mantenerse interesado. Por ejemplo, un día camine, al día siguiente nade y, luego, ande en bicicleta el fin de semana.
- Busque videos de ejercicios en internet. Busque ejercicios o estilos de entrenamiento que le resulten más interesantes.
- Haga del ejercicio una parte habitual de su rutina para que se convierta en un hábito al que esté acostumbrado.
- Si deja de hacer ejercicio durante un período de tiempo cualquiera, no pierda la esperanza. Simplemente comience de nuevo, de a poco, y trabaje hasta llegar a su ritmo anterior.
- No se exija demasiado. Debería poder hablar mientras realiza ejercicio. Además, si no se siente recuperado dentro de los 10 minutos posteriores a la interrupción del ejercicio, está trabajando demasiado.

- Si tiene una enfermedad cardíaca o ha tenido un accidente cerebrovascular, sus familiares también podrían tener un riesgo mayor. Es muy importante que ellos realicen cambios ahora para disminuir el riesgo.

Actividades de cuerpo y mente

Estas actividades ofrecen un buen entrenamiento, alivian la tensión y disminuyen la ansiedad al mismo tiempo que promueven beneficios para la salud. El yoga, una práctica hindú que cuenta con 5000 años, es una de estas actividades y es el ejercicio de cuerpo y mente más conocido. Involucra una serie de posturas sentadas y acostadas que sirven de ayuda junto con técnicas de meditación y coordinación de la respiración. Otra de estas técnicas es el Tai Chi, un método chino que involucra movimientos corporales lentos y promueve la relajación. La técnica de pilates, igual que el yoga, hace hincapié en la respiración mientras fortalece los principales músculos del cuerpo. La meditación puede ayudar a disminuir el estrés y la ansiedad, y a mejorar la calidad de vida. Se recomienda realizar actividades como estas como parte de su tratamiento.

Técnicas para disminuir el estrés: técnicas psicofísicas y de relajación

La fuerte conexión entre la disnea y la ansiedad es muy conocida. Si la ansiedad aumenta y refuerza la disnea, como muchos pacientes seguramente han experimentado, debe implementarse una estrategia para reducir la intensidad y el sufrimiento a causa de la disnea. Existe una gran variedad de técnicas diferentes que lo ayudarán a relajarse durante episodios de disnea grave y/o ansiedad y, además, a disminuir el estrés en su vida diaria. La relajación muscular progresiva es una técnica ampliamente utilizada. Algunos componentes comunes a la mayoría de las técnicas de relajación son los siguientes:

- Un ambiente tranquilo.
- Una posición cómoda.
- Ropa suelta, que no limite el movimiento.
- La adopción de una actitud pasiva.

Relajación muscular progresiva

- Cierre los ojos.
- Respire hondo 2 veces para purificarse y, luego, realice la respiración con los labios fruncidos.
- Con los ojos cerrados, intente visualizar su lugar favorito para visitar. Visualice en su mente el ambiente, el paisaje, los aromas y los colores. Intente pensar qué siente cuando está allí: tranquilidad, relajación, serenidad. Su respiración comenzará a desacelerarse; respirará más lenta y profundamente.
- Utilice la respiración abdominal de manera lenta, con inhalación profunda y una exhalación lenta a través de los labios fruncidos.
- Opcional: siga los pasos anteriores seguidos por una tensión y relajación sistemática de cada parte del cuerpo, incluidos los pies, los brazos, las piernas, el pecho, la cara, los ojos, los hombros, etc., concentrándose en cada músculo a medida que lo tensione y lo relaje.

Consejos para lograr una mejor respiración

- ¡Sea siempre positivo! Cada día es una nueva oportunidad para esforzarse por mejorar su respiración.
- Respire: su respiración puede mejorar con un poco de trabajo y ejercicio. Siga la orientación de sus médicos y consejeros de rehabilitación.
- Concéntrese: focalícese en el proceso de la respiración para que pueda comprenderlo mejor y aprender a controlarlo mejor.
- Diario: lleve un diario de las cosas que empeoraron su respiración o las técnicas que utilizó para mejorarla.
- Exhale: durante cualquier actividad en la que tenga que hacer un esfuerzo, no se olvide de exhalar. Exhalar todo lo que pueda probablemente lo ayude a mejorar la eficacia de su respiración.
- Cumpla las indicaciones: las recomendaciones de su médico podrían ser la clave para la mejora de su respiración. Asegúrese de tomar todos los medicamentos y seguir todas las instrucciones que su médico le haya sugerido. Estas recomendaciones ayudarán a mantener su bienestar general y pulmonar.

- Madure: la enfermedad pulmonar avanzada es una afección crónica. Tendrá que crecer con ella y aprender a controlarla, no dejar que ella lo controle.

- Pida ayuda: no tenga miedo de pedir ayuda cuando una tarea le resulte difícil o abrumadora. Solicite ayuda para comprender su enfermedad o los aspectos de su asistencia.

- Inhale: asegúrese de inhalar cuando esté activo, en movimiento. Esto permite la oxigenación máxima de la sangre que regresa al cuerpo.

- ¡Entre en acción! Si nota cualquier cambio en su respiración, hágaselo saber a su médico de forma inmediata. Estos síntomas pueden deberse a una causa tratable.

- Mantenga la calma: cuando esté ansioso o sienta que le está por faltar el aliento, tranquilícese y focalícese en su respiración. Recuerde los ejercicios de respiración que le enseñó su médico o su terapeuta respiratorio.

- ¡Viva cada día al máximo! Pero con eficiencia El hecho de que tenga una enfermedad crónica no significa que deba dejar de disfrutar la vida y las cosas que le gustan (aunque deba realizar algunas actividades con moderación).

- Gestione sus medicamentos: lleve un registro de los medicamentos que está utilizando, quién se los recetó y por qué.

- Nunca salga de su hogar sin sus inhaladores y una lista de todos sus medicamentos. Esta información esencial podría ser necesaria en un caso de emergencia.

- Oxigénese: si su respiración se está convirtiendo en un impedimento, converse con su médico sobre la oxigenoterapia.

- Modere su ritmo. No tiene necesidad de apurarse cuando esté en su casa. Realice todas las tareas hogareñas a su propio ritmo. Esto evitará que le falte el aliento y se produzcan otras complicaciones.

- Deje de fumar: si fuma y actualmente tiene un problema respiratorio, debe dejar de hacerlo. La eficacia y la calidad de la respiración comienzan a mejorar a partir del momento en que apaga su último cigarrillo.

- Acuérdese de su sistema de apoyo. Este está compuesto por su familia, las personas que lo cuidan, sus médicos, su terapeuta respiratorio y cualquier otra persona involucrada en la asistencia de su salud. Si necesita alguna ayuda con respecto a su salud, recuerde comunicarse con la persona adecuada sin demoras.

- Grupos de apoyo: existen grupos de apoyo para prácticamente todas las enfermedades pulmonares. Con la ayuda de su médico, descubra qué grupos de apoyo son adecuados para su caso. Existe una inmensa cantidad de recursos disponibles que pueden ayudarlo con su afección y su respiración, como la Pulmonary Hypertension Association (www.PHAssociation.org) y la Pulmonary Fibrosis Foundation (www.pulmonaryfibrosis.org).

- Tome sus medicamentos: es importante que tome todos los medicamentos que le haya recetado su médico. Acepte consejos. Todos sus proveedores de asistencia médica están para ayudarlo. También es importante que NO deje de tomar ningún medicamento sin consultarle a un proveedor de asistencia médica.

- Comprenda su enfermedad, tenga una actitud proactiva. Tomar un enfoque activo con respecto a su salud es la mejor forma en que puede ayudarse a usted mismo a respirar mejor. Educarse con respecto a su afección médica lo ayudará a entender mejor la causa de sus problemas respiratorios y, a su vez, a manejarlos.

- Ventilación: es importante mantener la ventilación y la circulación constante del aire de su hogar. El humo, el vapor, el polvo, las mascotas y otros irritantes podrían empeorar su respiración. Pregúntele a su médico acerca de los métodos de ventilación adecuados.

- Esté atento a las situaciones inconvenientes para la respiración. Este tipo de situaciones son aquellas que implican un gran costo energético. Por ejemplo, olvidarse algo en la planta baja y subir las escaleras. Esto le significará un viaje adicional.

- Haga ejercicio: el entrenamiento físico y de fuerza lento pero constante puede contribuir a mejorar la eficacia de su respiración. Es posible que al principio le resulte difícil pero, con el tiempo, mejorará su respiración.

- ¡Ayer ya pasó! Concéntrese en lo que puede hacer hoy para mejorar su salud y bienestar.

- Disfrute: incorpore a su vida actividades que lo hagan feliz. Estar de buen humor puede incrementar su salud general, contribuir a mejorar su respiración y su perspectiva sobre la vida.

Entrenamiento de habilidades para tener una actitud positiva hacia la vida

Valore lo que ya tiene.

- Una vez a la semana, escriba 5 cosas de las que esté agradecido.
- Agradezca su comida y sea consciente de ella al comer.
- Recuerde el obsequio que representa cada nuevo aliento.
- Aprecie la belleza de la naturaleza.
- Llame por teléfono a las personas para agradecerles por su amistad o cuidado.
- Recuerde que no existe ninguna garantía de nada y que nada dura para siempre.
- Busque el lado bueno de las personas.
- Aprenda a relajarse, a disminuir el ritmo y a realizar una cosa por vez. Utilice la respiración diafragmática lenta y profundamente.
- Utilice un mantra.

Reaccione de manera apropiada ante la desilusión.

- Entienda que todas las personas se desilusionan a veces. Esté preparado sabiendo que algunas cosas nunca van a cambiar. Aprenda cuáles son estas cosas y descubra la mejor forma de vivir con ellas.
- Todas las frustraciones surgen de no obtener lo que se quiere. Pregúntese si puede controlar la situación. No se preocupe por las cosas que no puede cambiar.
- Perdone. Pregúntese qué es lo que ya está haciendo para solucionar el problema que no está funcionando.
- Usted no está solo. Recuerde que hay muchas personas que han luchado con los mismos problemas que usted tiene.

Cómo podrían resultarle útiles las visitas a su médico de cabecera

Las visitas a su médico de cabecera son una parte importante del mantenimiento de la salud. Muchos problemas de salud que se desarrollan más adelante en la vida podrían prevenirse mediante el cuidado de la salud y las revisiones médicas regulares. Los exámenes físicos realizados por un médico de cabecera y los análisis de sangre de rutina promueven la detección temprana de las enfermedades más comunes que pueden tratarse, como el cáncer, la diabetes y la enfermedad cardíaca.

- Los adultos jóvenes (19 a 39 años de edad) saludables deberían realizar una visita de rutina cada 5 años.
- Los adultos (40 a 49 años de edad) saludables deberían realizar una visita de rutina cada 1 a 3 años.
- Los adultos (de 50 años de edad o más) saludables deberían realizar una visita de rutina cada 1 a 2 años.

Análisis de sangre que podría solicitarle su médico de cabecera

Hemograma completo (*complete blood count*, CBC)

El CBC es una prueba que se pide para obtener un perfil de las células sanguíneas de su cuerpo. Proporciona información acerca de los glóbulos blancos (*white blood cells*, WBC), los glóbulos rojos (*red blood cell*, RBC) y las plaquetas presentes en la sangre. Esta información incluye la cantidad, el tipo, el tamaño, la forma y algunas otras observaciones de las células.

- Los glóbulos blancos (WBC) protegen al cuerpo de las infecciones.
- Los glóbulos rojos (RBC) transportan oxígeno.
- Las plaquetas ayudan a detener el sangrado.

Panel de lípidos (análisis de colesterol)

El análisis de colesterol, a veces llamado análisis de lípidos, se utiliza para estimar el riesgo de desarrollar una enfermedad cardíaca. El colesterol es importante para que su cuerpo produzca hormonas y ayuda en la digestión (la descomposición de los alimentos ingeridos). Las grasas que se ingieren se almacenan en el hígado y viajan por el cuerpo junto con el colesterol. Las partículas de colesterol están compuestas por proteínas y grasas que se unen para conformar los tres tipos principales de colesterol. El análisis de colesterol proporciona información sobre las lipoproteínas de baja densidad (*low density lipoproteins*, LDL), las lipoproteínas de alta densidad (*high density lipoproteins*, HDL), las lipoproteínas de muy baja densidad (*very low density lipoproteins*, VLDL) y los triglicéridos. Las LDL son pegajosas y se adhieren a las arterias (tubos que transportan la sangre por todo el cuerpo, al igual que las cañerías que transportan agua hacia las distintas partes de la casa). Los valores objetivo del colesterol son los siguientes: LDL menor a 100 mg/dl, HDL mayor a 40 mg/dl y triglicéridos menor a 150 mg/dl.

- La VLDL transporta los triglicéridos (las grasas) hacia las células grasas.
- La LDL es lo que queda después de que la grasa ha llegado a destino.
- La HDL transporta la LDL restante nuevamente hacia el hígado.
- Los triglicéridos son grasas presentes en la sangre que se utilizan para almacenar energía para cuando se la necesite.

Pruebas de glucosa

Para calcular el nivel de azúcar presente en su cuerpo de manera correcta, es posible que se le pida un panel metabólico básico para tener una idea de un nivel de glucosa aleatorio. Sin embargo, para estimar mejor cuáles han sido los niveles de azúcar de su cuerpo durante las últimas 8 a 10 semanas, su médico quizás le pida una prueba denominada hemoglobina glicosilada (hemoglobina A1C). Esta prueba consiste en un análisis de sangre que mide la cantidad de azúcar unida a la proteína hemoglobina que está presente dentro de los glóbulos rojos. Es importante medir la HbA1C de manera rutinaria cada 6 meses y cada 3 a 6 meses en el caso de los diabéticos. El valor objetivo de glucosa debería ser: menos de 100 mg/dl de glucosa y entre el 3,5 y el 5,5 % de hemoglobina A1C.

La diabetes ocurre cuando el cuerpo es incapaz de manejar la cantidad de azúcar presente en la sangre. La insulina (una hormona fabricada por el páncreas) transporta el azúcar de la sangre a las células. Las células utilizan el azúcar como combustible para obtener energía. Si tiene demasiada cantidad de azúcar en la sangre, las células dejan de responder al pedido de la insulina de que procesen el azúcar.

Panel metabólico completo (*Comprehensive Metabolic Panel*, CMP)

Se pide un CMP de forma rutinaria como parte de los análisis de sangre para un examen médico o chequeo anual. En general, esta prueba se realiza en ayunas. Este análisis evalúa los electrolitos del cuerpo, además de la función hepática y renal. Quizás su médico no pueda saber exactamente qué es lo que le pasa con esta prueba, pero puede darle una idea de qué podría estar provocando los resultados anormales de las pruebas.

Pruebas de la función renal

- **Nitrógeno ureico en la sangre (*blood urea nitrogen*, BUN) y creatinina**

La urea es el producto de desecho del cuerpo, después de haber utilizado las proteínas. Se genera en los riñones y se elimina del cuerpo a través de la orina. La creatinina es el producto de desecho de la formación de músculos. Estas pruebas se utilizan para evaluar qué tan bien los riñones eliminan los desechos del cuerpo.

El índice de filtración glomerular (*glomerular filtration rate*, GFR) estimado es un cálculo que se utiliza para evaluar qué tan bien están trabajando los riñones. La enfermedad renal puede tratarse mejor cuando se la diagnostica en los estadios tempranos.

Tabla 4: Estadios de la enfermedad renal.

Estadio de daño renal	Descripción	GFR	Otros descubrimientos
1	Daño renal con GFR normal o alto	+90	El nivel de proteína o albúmina en la orina es alto, se observan células o cilindros en la orina.
2	Disminución leve del GFR	60 a 89	
3	Disminución moderada del GFR	30 a 59	

| 4 | Disminución grave del GFR | 15 a 29 | |
| 5 | Insuficiencia renal | < 15 | |

Pruebas de la función hepática

- ALP (fosfatasa alcalina).
- ALT (alanina-aminotransferasa, también llamada SGPT).
- AST (aspartato-aminotransferasa, también llamada SGOT).
- Bilirrubina.

La ALP, la ALT y la AST son enzimas que se encuentran en el hígado y otros tejidos. Estas enzimas se utilizan para determinar si el hígado está funcionando de manera adecuada. La bilirrubina es un producto de desecho que se produce cuando el hígado elimina glóbulos rojos antiguos.

Otras pruebas habituales para el mantenimiento de la salud

- Control y medición de la presión arterial cada algunos meses.
- Colonoscopía cada 5 años.
- Examen ocular cada 2 años (una vez por año para los diabéticos).
- Para las mujeres, una prueba de Papanicolau periódicamente, según la recomendación del obstetra/ginecólogo.
- Para los varones, análisis del antígeno prostático específico (*prostate-specific antigen*, PSA) cada año.

Capítulo 9
La enfermedad pulmonar y otros problemas de salud

"El buen médico trata la enfermedad, el gran médico trata al paciente que tiene la enfermedad".

Sir William Osler (1849-1919)

La osteoporosis y la enfermedad pulmonar

Los huesos están compuestos por células óseas, colágeno, calcio y fósforo. El crecimiento óseo se produce de forma constante durante la niñez y entre el 40 y 50 % del aumento de los minerales óseos ocurre durante los años de la adolescencia y los primeros años de la tercera década de edad. Durante este proceso, se forman los huesos, se reabsorben y se vuelven a formar para fortalecerse. Gran parte del crecimiento óseo está determinado genéticamente, pero también contribuyen factores tales como la alimentación y el ejercicio. Al envejecer, la densidad ósea que se reabsorbe supera a la densidad de formación y las personas cuyo crecimiento óseo durante los años de la adolescencia se encontraba debajo del nivel óptimo poseen un riesgo mayor de padecer osteoporosis más adelante. Sin embargo, los pacientes que padecen enfermedad pulmonar (tanto mujeres como varones) con frecuencia poseen un riesgo mayor de pérdida de masa ósea, en especial aquellos con una enfermedad más avanzada.

La osteoporosis, a medida que avanza, también puede afectar los pulmones de manera negativa. Cuando los huesos comienzan a perder masa, están más propensos a sufrir fracturas, incluidas las fracturas por fragilidad y compresión. Las fracturas que ocurren en las vértebras (la columna), la cadera y las costillas son particularmente problemáticas. Estas fracturas patológicas provocan una reducción de la movilidad. Las fracturas de columna pueden provocar un efecto de curvatura llamado cifosis. La cifosis restringe la expansión de los pulmones, lo que puede empeorar o exacerbar la enfermedad pulmonar.

Tener una enfermedad pulmonar puede ponerlo en riesgo de sufrir osteoporosis y debe hablar con su médico acerca de cómo evitar la pérdida ósea. Esto implica realizarse una prueba de densidad ósea y asegurarse de incluir suficiente calcio y vitamina D en su alimentación. Asegúrese de volver a controlarse con la frecuencia que le recomiende su médico, en especial si está utilizando prednisona u otro esteroide. Prevenir la osteoporosis y mantener sus huesos saludables pueden ser de gran valor en su lucha contra la enfermedad pulmonar.

Factores de riesgo para la osteoporosis:

- Los glucocorticoides (por ejemplo, la prednisona, etc.) disminuyen la formación ósea.
- La disminución de las hormonas sexuales relacionada con la edad provoca pérdida ósea.
- Una nutrición pobre y la mala absorción pueden provocar deficiencias de las vitaminas y los minerales importantes para los huesos (D, K, Zinc, Ca).
- La falta de ejercicio y la disminución de las actividades con carga de peso provoca una disminución de la masa muscular.
- La inflamación también puede aumentar la pérdida ósea.
- La enfermedad renal puede aumentar la pérdida ósea.

Las personas con enfermedad pulmonar avanzada requieren evaluaciones mediante DEXA, según su puntuación en la prueba de densidad mineral ósea (DMO). Si la DEXA es normal (DMO > T -1), esta puede repetirse dentro de cinco años (antes si surge alguna preocupación). Si la puntuación T de la DMO está entre -1 y -2, la DEXA puede repetirse cada 2 a 4 años (antes si surge alguna preocupación). Se recomienda realizar una DEXA anual en los casos en que la puntuación T de la DMO sea menor a -2.

La prevención de la mala salud ósea se focaliza en una buena alimentación general, un suplemento adecuado de calcio, vitamina D y otras vitaminas y minerales, ejercicio regular con carga de peso y evitar el exceso de glucocorticoides dentro de lo posible.

Se indica un tratamiento para las personas que tienen una puntuación T de la DMO menor a -2. Para las personas cuya puntuación T de la DMO se encuentra entre -1 y -2, debe considerarse el tratamiento si la persona ha tenido lo que se conoce como fracturas por fragilidad (de columna o costilla) o si ha ocurrido una pérdida excesiva. Las opciones de tratamiento para la osteoporosis en las personas de edad avanzada han aumentado durante los últimos años. Los bifosfonatos constituyen el pilar de la terapia. Estos medicamentos previenen la pérdida ósea. El ácido zoledrónico (administrado por vía intravenosa) y los bifosfonatos aumentan la densidad mineral ósea y parecen disminuir el riesgo de fracturas en los adultos. Otras opciones, para la osteoporosis inducida por esteroides, incluyen la teriparatida (Forteo®).

Para la población sana, cada vez hay disponibles más estrategias de tratamiento para prevenir y tratar la osteoporosis en los adultos de edad avanzada. A medida que las personas con enfermedad pulmonar avanzada envejecen, se suma la realidad de la osteoporosis menopáusica y senil, por lo que el papel de la preservación ósea durante la infancia y los primeros años de la adultez se vuelve incluso más importante.

Trastornos del sueño

El cuerpo humano necesita del sueño para su recuperación y restitución. Es un estado activo fundamental para la restauración física y mental. La incapacidad habitual de dormir bien durante la noche podría indicar un trastorno del sueño.

Apnea obstructiva del sueño (*obstructive sleep apnea*, OSA).

La apnea obstructiva del sueño es el trastorno del sueño más común. Es una afección grave y que podría, potencialmente, poner en peligro la vida que, con frecuencia, no se diagnostica. Los ronquidos fuertes podrían ser una señal de que algo sucede con la respiración durante el sueño y reflejar la presencia de OSA. Esta afección afecta al menos al 2 a 4 % de los adultos de mediana edad. Aproximadamente el 95 % de la población afectada continúa sin diagnosticarse ni tratarse.

Algunas señales de advertencia de la OSA son, entre otras, somnolencia y cansancio excesivo durante el día, ronquidos, quedarse dormido en momentos inapropiados, poco rendimiento en el hogar o el trabajo y dejar de respirar durante la noche.

¿Cuáles son las consecuencias de la OSA no tratada?

Cuando la OSA no se trata, podría provocar aumentos de la presión arterial, arritmias cardíacas o incluso insuficiencia cardíaca, mala oxigenación, un ataque cardíaco o accidentes cardiovasculares, tales como accidentes cerebrovasculares. La somnolencia y el cansancio excesivos durante el día podrían provocar accidentes de tráfico y en el trabajo.

Cómo puede tratarse la apnea obstructiva del sueño.

Actualmente, hay algunas opciones para el tratamiento de la OSA. La opción más eficaz es una máquina de presión positiva continua en las vías respiratorias (*continuous positive airway pressure*, CPAP) que utiliza aire para ayudar a mantener las vías respiratorias abiertas al dormir. Las personas que no toleran el dispositivo de CPAP quizás se las considere para una cirugía o un dispositivo bucodental. La opción de tratamiento más conservadora consiste en bajar de peso junto con una modificación del estilo de vida. Se le aconseja conversar sobre estas opciones terapéuticas con su médico en caso de que sospeche que podría tener síntomas de OSA o de que se le haya diagnosticado OSA.

Cómo puede medir sus síntomas de somnolencia durante el día.

Los australianos Johns et al. diseñaron un cuestionario de análisis llamado Escala de Somnolencia de Epworth para calcular la somnolencia diurna. Consiste en una serie de preguntas para evaluar la probabilidad de quedarse dormido en situaciones diurnas.

Escala de Somnolencia de Epworth:

0 = no se quedaría dormido.

1 = probabilidades bajas de quedarse dormido.

2 = probabilidades moderadas de quedarse dormido.

3 = probabilidades altas de quedarse dormido.

_____ Mientras está sentado y lee.

_____ Mientras mira televisión.

_____ Sentado, inactivo en un espacio público (por ejemplo, el cine).

_____ Sentado conversando con alguien.

_____ Como pasajero en un auto durante una hora sin realizar ninguna parada.

_____ Sentado tranquilamente después de almorzar sin haber bebido alcohol.

_____ Al recostarse para descansar a la tarde, si el tiempo se lo permite.

_____ En un auto, mientras se encuentra frenado por unos minutos debido al tráfico.

_____ **Puntuación total.**

Johns MW. A new method for measuring daytime sleepiness: the Epworth sleepiness scale. Sleep. 1991 Dec; 14(6):540-5.

Si su puntuación total es mayor a 10, podría indicar una somnolencia diurna excesiva, que representa una señal de una posible OSA. Debe conversar acerca de esto con su médico para determinar si podría tener un trastorno del sueño. En base a este simple cuestionario, un proveedor de asistencia médica, por ejemplo un neumonólogo, puede juzgar mejor si usted es un candidato para un estudio del sueño.

Otro cuestionario que puede ayudarlo a calcular la probabilidad de que tenga OSA es el cuestionario STOP-Bang. Este predice la presencia de apnea del sueño. La respuesta afirmativa a 3 o más preguntas de este cuestionario indica una alta probabilidad de presencia de una OSA.

Puntuación STOP-Bang Modelo

1. Ronquidos

¿Ronca fuerte (lo suficientemente fuerte como para que se lo escuche a través de una puerta cerrada)?   **Sí**   **No**

2. Cansancio

¿Se siente cansado, fatigado o con sueño durante el día?

Sí   No

3. Observación

¿Alguien ha notado que deja de respirar cuando duerme?

Sí   No

4. Presión arterial

¿Tiene hipertensión o está en tratamiento por hipertensión?

Sí   No

5. IMC

¿Su IMC es mayor a $35kg/m^2$?

Sí   No

6. Edad

¿Tiene más de 50 años de edad?

Sí   No

7. Circunferencia del cuello

¿La circunferencia de su cuello es mayor a 40?

Sí   No

8. Sexo

¿Es varón?

Sí   No

Chung, F., Yegneswaran, B., Liao, P., Chung, S. A., Vairavanathan, S., Islam, S., Khajehdehi, A. and Shapiro, C. M. STOP Questionnaire A Tool to Screen Obstructive Sleep Apnea. Anesthesiology 108, 812-821. 2008.

Higiene del sueño

Los malos hábitos de sueño (que se conocen como higiene) se encuentran entre los problemas más comunes de nuestra sociedad. Nos acostamos muy tarde y nos levantamos muy temprano. Interrumpimos el sueño con fármacos, productos químicos y trabajo y nos sobreestimulamos con actividades nocturnas, tales como mirar televisión. A continuación, presentamos algunos buenos hábitos de sueño fundamentales. Muchos de estos puntos parecen de sentido común. Pero resulta sorprendente la cantidad de estos importantes aspectos que la mayoría de nosotros ignora.

Hábitos personales

- Establezca horarios fijos para acostarse y levantarse. No sea una de esas personas que dejan estos horarios a la deriva. El cuerpo "se acostumbra" a dormirse a un horario determinado, pero únicamente si este es relativamente fijo. Incluso si está jubilado o no trabaja, este es un componente esencial para tener buenos hábitos de sueño.

- Evite dormir la siesta durante el día. Si duerme durante el día, no es ninguna sorpresa que no pueda dormir a la noche. La última hora de la tarde para muchas personas es "un momento somnoliento". Muchas duermen la siesta a esta hora. En general, esto no es malo, siempre que la siesta se limite a 30 o 40 minutos y pueda dormir bien de noche.

- Evite beber alcohol durante las 4 a 6 horas antes de acostarse. Muchos creen que el alcohol los ayuda a dormir. Si bien el alcohol posee un efecto inductor del sueño inmediato, unas horas más tarde a medida que comienzan a descender los niveles de alcohol en la sangre, aparece un efecto estimulante o que hace despertar.

- Evite la cafeína durante las 4 a 6 horas antes de acostarse. Esto incluye las bebidas con cafeína como el café, el té y muchas gaseosas, además del chocolate, así que sea cuidadoso. Evite las comidas pesadas, picantes o con azúcar durante las 4 a 6 horas antes de acostarse. Pueden afectar su capacidad para mantenerse dormido. Realice ejercicio con regularidad, pero no inmediatamente antes de acostarse. El ejercicio regular, en especial a la tarde, puede ayudar a profundizar el sueño. Sin embargo, el ejercicio intenso dentro de las 2 horas antes de acostarse puede disminuir su capacidad para dormirse.

- Establezca un toque de queda digital. Saque los dispositivos digitales del dormitorio. La tecnología puede aislar a las personas. A medida que los teléfonos inteligentes continúan abriéndose espacio en nuestras vidas, los dispositivos que se pueden llevar puestos, como el Google Glass®, amenazan con invadir nuestro espacio personal aún más. Delimite

- una zona libre de artefactos electrónicos en su dormitorio. No duerma con su celular, déjelo fuera del dormitorio durante la noche.

Su ambiente para dormir

- Utilice ropa de cama cómoda. La ropa de cama incómoda puede impedir dormir bien. Evalúe si esta puede ser una causa de su problema o no y realice los cambios apropiados.
- Encuentre una temperatura agradable para dormir y mantenga la habitación bien ventilada. Si su habitación está muy fría o muy calurosa, esto puede mantenerlo despierto. Un dormitorio fresco (no frío), en general, es el que mejor ayuda a dormir.
- Reserve la cama para dormir. No la utilice como oficina, espacio de trabajo o de recreación. Haga que su cuerpo sepa que la cama es para dormir.

Prepararse para dormir

- **Coma liviano:** intente comer un bocadillo liviano antes de irse a la cama. La leche tibia y los alimentos ricos en el aminoácido triptófano, como las bananas, quizás lo ayuden a dormirse.
- **Desarrolle una rutina:** practique técnicas de relajación antes de acostarse. Las técnicas de relajación como el yoga, la respiración profunda y otras, quizás lo ayuden a aliviar la ansiedad y reducir la tensión muscular.
- **Confeccione una lista de tareas:** no se lleve las preocupaciones a la cama. Olvídese de las preocupaciones con respecto al trabajo, la escuela, la vida cotidiana, etc. cuando se vaya a acostar. A algunas personas les resulta útil asignar un "momento para preocuparse" al final de la tarde para lidiar con estos problemas.
- **Establezca un ritual para antes de dormir:** los rituales para antes de dormir, como un baño caliente o unos minutos de lectura, pueden ayudarlo a dormir.
- **Encuentre una posición para dormir:** si no se queda dormido en 15 a 30 minutos, levántese, vaya a otra habitación y lea hasta que tenga sueño.
- **Apague:** todos los dispositivos con pantalla (televisor, computadoras tabletas, computadoras portátiles, iPads) emiten un espectro de luz azul que puede inhibir la producción cerebral de melatonina, que induce el sueño. Algunas personas descubren que la radio los ayuda a dormirse. Ya que la radio es un medio menos atrapante que la televisión, podría resultarle una buena idea.

Levantarse en el medio de la noche

La mayoría de las personas se despierta una o dos veces durante la noche por distintos motivos. Si descubre que se despierta en el medio del a noche y no puede volver a dormirse en 15 a 20 minutos, no permanezca en la cama "haciendo un esfuerzo" para dormirse. Levántese, salga del dormitorio, lea, como un bocadillo liviano, realice alguna actividad tranquila o tome un baño. Generalmente, podrá volver a dormirse más o menos 20 minutos después. No realice ninguna actividad atrapante o desafiante como trabajo de oficina o tareas hogareñas. No mire televisión.

Elementos de ayuda para dormir

En algunos casos, es posible que no tenga ningún trastorno del sueño pero que le resulte difícil dormirse. Asegúrese de hablar con su médico sobre elementos de ayuda para dormir. Los suplementos para dormir comunes son la raíz de valeriana, la melatonina y la raíz ashwagandha. Las opciones farmacéuticas de ayuda para dormir son: zolpidem (Ambien®), eszopiclone (Lunesta®), zaleplon (Sonata®) o ramelteon (Rozerem®), que también pueden ayudarlo a dormirse. Consulte con su médico.

Obesidad

La obesidad ha sido reconocida por la Asociación Médica Estadounidense (*American Medical Association*) como una enfermedad. La inactividad y un estilo de vida sedentario debido al padecimiento de una enfermedad pulmonar podrían contribuir a la obesidad. La obesidad se mide en función del índice de masa corporal (IMC), el cual se calcula dividiendo su peso en kilogramos por su estatura en metros elevada al cuadrado. A continuación, encontrará una tabla que resume la gravedad de la obesidad.

La zona donde se concentra el peso corporal también marca una diferencia. El exceso de grasa abdominal (obesidad central o visceral), que se encuentra por encima de la cintura, se relaciona con un riesgo mayor de diabetes y enfermedad cardíaca. En los varones, una circunferencia de la cintura mayor a 102 centímetros (40 pulgadas) y, en las mujeres, mayor a 92 centímetros (36 pulgadas) es para preocuparse. Por otro lado, la grasa acumulada debajo de la piel o en la zona de la cadera y los muslos presenta menos riesgos para la salud. Hay nuevos fármacos para bajar de peso disponibles. Pregúntele a su médico acerca de estas opciones.

La siguiente tabla ilustra lo que significa cada número.

Tabla 5: Definición del índice de masa corporal (IMC).

Índice de masa corporal (IMC)	Clasificación	Qué significa
Menor a 18,5	Peso insuficiente	Riesgo mayor de problemas de salud relacionados con un peso insuficiente, por ejemplo una nutrición inadecuada.
De 18,5 a 24,9	Normal	Peso corporal saludable de acuerdo a la estatura.
De 25 a 29,9	Sobrepeso	Peso mayor al óptimo, de acuerdo a la estatura: riesgo mayor de problemas de salud relacionados con el peso.
De 30 a 34,9	Obesidad I	Riesgo alto de problemas médicos comunes relacionados con la obesidad, como diabetes tipo 2, hipertensión, colesterol anormal y trastornos respiratorios. Para la mayoría de las personas, un IMC de 30 significa que tienen un sobrepeso de entre 13,61 y 18,14 kilogramos (entre 30 y 40 libras).
De 35 a 39,9	Obesidad II	Riesgo muy alto de problemas médicos comunes relacionados con la obesidad, como diabetes tipo 2, hipertensión, colesterol anormal y trastornos respiratorios.
40 o mayor	Obesidad III (obesidad grave, a la que anteriormente se hizo referencia como obesidad mórbida)	Riesgo extremadamente alto de problemas médicos asociados. Las personas con un IMC de 40 o mayor generalmente tienen un sobrepeso de 45,36 kilogramos (100 libras) o más.

Tabla 6: Nivel de riesgo asociado a la circunferencia de la cintura.

	Nivel de riesgo	
Categoría	Saludable	Alto
Varones	≤ 102 centímetros (40 pulgadas)	> 102 centímetros (40 pulgadas)
Mujeres	≤ 88 centímetros (35 pulgadas)	> 88 centímetros (35 pulgadas)

El manejo de la obesidad se centra en la pérdida de peso. Existen unas cuantas opciones para abordarla. La primera es una modificación del estilo de vida que implica cambiar la dieta e incorporar el ejercicio a la rutina diaria. Se deben reducir las calorías netas que se consumen para comenzar a bajar de peso. En los casos en que la modificación del estilo de vida no ayude, existen intervenciones farmacéuticas que podrían hacer arrancar su metabolismo. Estos fármacos son fentermina/topiramato (Qsymia®), locaserin (Belviq®) y tetrahidrolipstatina (Orlistat®), que actúan mediante la supresión del apetito. Algunos pacientes selectos a los que las dos opciones anteriores no les den resultado, quizás necesiten una intervención quirúrgica. Consúltele a su médico acerca de sus opciones para bajar de peso.

Síndrome metabólico

El síndrome metabólico es una afección que se define como la conjunción de tres o más de los siguientes factores de riesgo en adultos:

- Mayor grasa abdominal: circunferencia de la cintura de al menos 88 centímetros (35 pulgadas) en las mujeres y de 102 centímetros (40 pulgadas) o más en los varones.

- Presión arterial elevada en distintas mediciones: sistólica (máxima) de 130 o más o diastólica (mínima) de 85 o más.

- Nivel elevado de triglicéridos (grasas en la sangre): mayor a 150 después de doce horas de ayuno.

- Nivel bajo de lipoproteínas de alta densidad (HDL), el "colesterol bueno": debajo de 40 para los varones y de 50 para las mujeres.

- Nivel elevado de azúcar en la sangre: 110 o mayor con doce horas de ayuno, por ejemplo a primera hora de la mañana antes del desayuno; esto incluye el nivel de azúcar en la sangre dentro del rango de la prediabetes.

Si tiene síndrome metabólico, se enfrenta a una mayor probabilidad de que se desarrollen depósitos de colesterol en las paredes arteriales (*ateroesclerosis*), causa de la mayoría de los ataques cardíacos y accidentes cerebrovasculares, y, también, a un riesgo elevado de desarrollar diabetes. El síndrome metabólico ocurre únicamente en el 5 por ciento de los adultos con peso normal, pero en el 22 por ciento de aquellos con sobrepeso y en el 60 por ciento de aquellos con obesidad. Para estas personas, es muy importante bajar de peso y realizar ejercicio.

Presión arterial alta (hipertensión)

La presión arterial es la fuerza que ejerce la sangre contra las paredes de los vasos sanguíneos, denominados arterias, cuando late el corazón. La presión arterial alta es una afección grave que provoca que su corazón trabaje más. También se la llama hipertensión. Puede provocar una enfermedad cardíaca, un accidente cerebrovascular, insuficiencia renal, enfermedad de los vasos sanguíneos y otros problemas de salud. Las personas con más probabilidades de tener hipertensión son:

- Los afroamericanos.
- Los varones mayores de 45 años y las mujeres mayores de 55.
- Las personas con antecedentes familiares de presión arterial alta.
- Las mujeres embarazadas, las que toman píldoras anticonceptivas o las que reciben una terapia de reemplazo de hormonas.
- Las personas con afecciones médicas como enfermedad de tiroides, enfermedad renal crónica o apnea del sueño.
- Aquellos que toman determinados medicamentos, como medicamentos para el asma y productos para aliviar el resfriado.

Las probabilidades de padecer hipertensión aumentan si una persona:

- Tiene sobrepeso.
- Ingiere alimentos con mucha sal.
- No realiza ejercicio con regularidad.
- Fuma.
- Bebe mucho alcohol.

No hay forma de saber si se tiene presión arterial alta. La única manera para saberlo es medirla. Algunos puntos clave con respecto a la medición de la presión arterial son los siguientes:

- Existen dos valores para la presión arterial. Presión arterial sistólica (máxima): la presión existente cuando el corazón bombea la sangre hacia el cuerpo.
- Presión arterial diastólica (mínima): la presión existente entre latido y latido, es decir, durante el reposo cardíaco.
- Su presión arterial debería ser menor a 120/80 mmHg (120 es el valor de la presión sistólica, 80 es el valor de la presión diastólica).
- Cuando la presión arterial es de 140/90 mmHg o mayor, existe hipertensión.
- Cuando la presión arterial es mayor a 120/80 mmHg pero menor a 140/90 mmHg, existe "prehipertensión". Si tiene prehipertensión, podría correr el riesgo de tener presión arterial alta y otros problemas de salud relacionados.
- Si tiene diabetes o problemas renales, su presión arterial debería ser menor a 130/80 mmHg.

¿Qué cambios puedo implementar en mi vida si tengo presión arterial alta?

La presión arterial alta debe controlarse. Puede cambiar o controlar algunos hábitos de su estilo de vida para tratar, prevenir o retrasar la hipertensión. Entre ellos se incluyen:

- Comer de manera saludable: seguir una dieta sin sal o con poca sal.
- Mantenerse físicamente activo.
- Mantener o alcanzar un peso saludable.
- Dejar de fumar.
- Limitar las bebidas alcohólicas a 1 o 2 por día.
- Lidiar con el estrés de manera saludable.
- Tomar sus medicamentos para la presión arterial alta de la manera recetada.
- Acudir a todas las citas con su médico.

¿Qué debo hacer si tengo presión arterial alta?

Si tiene presión arterial alta, debe:

- Conocer los valores de su presión arterial, anotarlos y llevar un registro.
- Preguntarle a su médico acerca de un equipo de control domiciliario de la presión arterial y de lo que debe hacer para intentar disminuir su presión arterial.

Enfermedad cardíaca y accidente cerebrovascular

Existen muchos tipos de enfermedades cardíacas y de los vasos sanguíneos. Cada año, mueren más de 870.000 personas a causa de ellas. Las siguientes son algunas medidas clave que puede tomar.

- No fumar y evitar el humo de tabaco de otras personas.
- Mantenerse físicamente activo.
- Mantener el peso bajo control.
- Realizarse revisiones médicas con regularidad.
- Llevar una dieta saludable baja en grasas saturadas, colesterol y sal.
- Si tiene diabetes, controlar el nivel de azúcar en la sangre.

El endurecimiento de las arterias, o ateroesclerosis, se produce cuando las paredes internas de las arterias se estrechan debido a una acumulación de placa. Esto limita el flujo sanguíneo hacia el corazón y el cerebro. A veces, esta placa puede romperse. Cuando esto sucede, se forman coágulos de sangre que obstruyen la arteria. Esto puede provocar ataques cardíacos y accidentes cerebrovasculares.

Los ataques cardíacos ocurren cuando el flujo sanguíneo hacia una parte del corazón se encuentra obstruido, generalmente, debido a un coágulo de sangre. Si este coágulo impide el flujo sanguíneo por completo, la parte del músculo cardíaco que recibe sangre de esa arteria comienza a morirse. Las siguientes son algunas señales que podrían indicar que está sufriendo un ataque cardíaco:

- Presión molesta, opresión o dolor en el medio del pecho. Puede durar algunos minutos o ir y venir.

- Dolor o molestia en uno o ambos brazos.
- Falta de aliento con o sin molestias en el pecho.
- Otras señales, como transpiración fría súbita, náuseas o aturdimiento.

Si experimenta una o más de estas señales, no espere más de 5 minutos para pedir ayuda. Llame al 9-1-1. Diríjase a un hospital de inmediato.

Los accidentes cerebrovasculares y los ataques isquémicos transitorios (*transient ischemic attacks*, TIA, o "miniaccidentes cerebrovasculares") suceden cuando se tapa o estalla un vaso sanguíneo que alimenta el cerebro. Esta parte del cerebro y la parte del cuerpo que controla dejan de funcionar. Las principales causas de accidentes cerebrovasculares incluyen:

- Presión arterial alta.
- Tabaquismo.
- Diabetes.
- Colesterol alto.
- Enfermedad cardíaca.
- Fibrilación auricular (ritmo cardíaco anormal).

Existen algunas pruebas de obtención de imágenes que podrían utilizarse como ayuda para determinar el riesgo de un posible ataque cardíaco o

Heart imaging centre	Centro de obtención de imágenes del corazón
Blood vessels	Vasos sanguíneos

accidente cerebrovascular (consulte el Capítulo 3).

- Ecografía de la arteria carótida: una prueba que se utiliza para medir las obstrucciones en las arterias que suministran sangre al cerebro.
- Se recomienda esta prueba a las personas con factores de riesgo para enfermedades vasculares como la hipertensión.

Llame al 9-1-1 para obtener ayuda con rapidez si experimenta cualquiera de estas señales de advertencia de accidentes cerebrovasculares y TIA:

- Debilidad o entumecimiento repentinos de la cara, el brazo o la pierna, especialmente de un lado del cuerpo.
- Confusión repentina, problemas para hablar o para comprender.
- Dificultad repentina para ver de uno o ambos ojos.
- Dificultad repentina para caminar, mareos, pérdida del equilibrio o de la coordinación.
- Dolor de cabeza repentino e intenso, sin causa conocida.

Diabetes

La diabetes se define como la existencia de un nivel de azúcar mayor en el torrente sanguíneo. Existen dos tipos de diabetes, tipo 1 (destrucción autoinmunitaria del páncreas) y tipo 2, que se relaciona con la obesidad y la resistencia a la insulina. Se diagnostica diabetes al tener un nivel de azúcar en ayunas de 126 o mayor en dos o más ocasiones o un nivel de hemoglobina A1C mayor al 6,5 %. Los niveles recomendados de glucosa en la sangre antes de una comida (preprandial) son entre 70 y 125 mg/dl (entre 5,0 y 7,2 mmol/l). El nivel de azúcar después de una comida (posprandial), debería ser menor a 180 mg/dl (menos de 10,0 mmol/l).

Los niveles de azúcar en la sangre suben y bajan a lo largo del día. Mediante la medición del azúcar en la sangre, se puede saber qué tan bien funciona su plan de asistencia para la diabetes. Comprender por qué cambian los niveles de glucosa puede ayudarlo a mantener la cantidad de glucosa en sangre dentro de los valores objetivo.

- Lleve una dieta balanceada, siguiendo las recomendaciones de su nutricionista. Una dieta saludable para una persona con diabetes es igual a una dieta saludable para cualquier persona. Evite los alimentos ricos en grasas y carbohidratos simples. Los alimentos a evitar incluyen jugos de fruta, rosquillas, pizza y comida rápida.

- Tome una aspirina tradicional o recubierta por día, salvo que exista alguna contraindicación (úlcera, tendencia al sangrado, otros anticoagulantes, etc.).
- Debe hacerse un análisis de A1C cada tres meses. Este análisis muestra qué tan bien ha controlado su nivel de azúcar durante los últimos 3 meses. Se aconseja una A1C menor al 6,8 %.
- Asegúrese de conocer su nivel de colesterol y controlarlo todos los años. Su LDL o colesterol malo debe estar por debajo de los 100 mg/dl. Su HDL o colesterol bueno debe estar por encima de los 40 mg/dl. Sus triglicéridos deben estar por debajo de los 150 mg/dl.
- Mantenga su presión arterial debajo de 130/80. Esto ayudará a mantener el corazón, los riñones y los ojos saludables.
- Las personas con diabetes deben consultar a un oftalmólogo para realizarse un examen ocular anual. Asegúrese de comunicarle a su oftalmólogo que tiene diabetes.
- Debe realizarse un análisis de orina para detectar "microalbúmina" (pequeñas cantidades de proteína) al menos una vez al año.
- Intente añadir el ejercicio a su rutina diaria. Debe realizar ejercicio al menos 30 minutos por día, salvo que se le aconseje lo contrario.
- Fumar es extremadamente peligroso para las personas con diabetes. Existen muchas herramientas disponibles para ayudarlo a dejar de fumar.
- Asegúrese de vacunarse contra la influenza todos los años.

Anote todos los resultados de su nivel de glucosa en la sangre en un diario o libro de registros. Llévelos con usted a todas sus citas. Sus resultados lo ayudarán a usted y a su equipo de asistencia médica a tomar decisiones con respecto al plan de tratamiento para su diabetes. Consulte el Apéndice 4 para obtener una lista de los medicamentos para la diabetes.

Síndrome de hipoventilación-obesidad (*obesity hypoventilation syndrome*, OHS)

Como muchas personas saben, el peso juega un papel importante dentro de su salud en general. Además, las personas con enfermedad pulmonar crónica con frecuencia son sedentarias, lo que puede provocar que aumenten de peso. Tener sobrepeso afecta muchos de los sistemas y órganos del cuerpo que, a su vez, afectan de manera indirecta los pulmones. La obesidad se mide mediante la escala del índice de masa corporal (IMC) que se explicó anteriormente.

El síndrome de hipoventilación-obesidad es un trastorno que se caracteriza por la existencia concomitante de obesidad, niveles de dióxido de carbono en la sangre diurnos elevados y una respiración desordenada durante el sueño. Esto puede verse en el marco de la OSA, que se explicó anteriormente. Se cree que el mecanismo por el cual se desarrolla este trastorno se debe a los depósitos de grasa en el pecho que posee un efecto mecánico de dificultar la respiración. El índice de masa corporal (IMC) y la grasa abdominal de una persona son más importantes en el síndrome de hipoventilación-obesidad.

La respiración desordenada durante el sueño, como la apnea obstructiva del sueño, también es común en las personas que tienen OHS. En combinación con niveles mayores de dióxido de carbono en la sangre diurnos, puede hacer que una persona se sienta excesivamente cansada. Demasiada cantidad de dióxido de carbono en la sangre también puede tener consecuencias más graves, tales como una disminución del nivel de conciencia o acidez anormal en la sangre, los cuales pueden requerir hospitalización.

El único tratamiento verdaderamente efectivo para el OHS es bajar de peso. Esto puede lograrse por medio de dieta y ejercicio o, en casos extremos, una cirugía bariátrica. Ambos métodos para bajar de peso tienen un efecto positivo sobre los síntomas del OHS. Sin embargo, los pacientes que incorporan el ejercicio para bajar de peso también recibirán los beneficios terapéuticos del ejercicio para los pulmones. En algunos casos, es posible que el médico le prescriba una máquina de CPAP como ayuda para mantener las vías respiratorias abiertas mientras duerme. Si bien esto puede ayudar a aliviar algunos síntomas, el OHS solamente puede revertirse con la pérdida de peso.

Los riñones y la enfermedad pulmonar

Los riñones son órganos del cuerpo que poseen muchas funciones importantes. Estas incluyen la eliminación de todos los productos de desecho a través de la producción de la orina. Los riñones son un potente par de órganos que realizan las siguientes funciones:

- Eliminar los productos de desecho del cuerpo.
- Eliminar los fármacos y las toxinas del cuerpo.
- Equilibrar los electrolitos del cuerpo.
- Regular la presión arterial.
- Regular la producción de vitamina D.
- Regular el recuento de hemoglobina y evitar la anemia.

Los riñones trabajan codo a codo con el corazón y los pulmones para regular el funcionamiento del cuerpo. En el marco de la enfermedad pulmonar avanzada, es posible que los riñones no reciban suficiente oxígeno. Cuando los pulmones no pueden oxigenar la sangre de manera adecuada, esto se denomina hipoxemia y puede, a la larga, provocar que los riñones no funcionen de manera adecuada.

¿Qué sucede cuando no funcionan los riñones?

- No se puede eliminar los productos de desecho y se acumulan toxinas. Como resultado, se siente cansancio, debilidad, temblores, disminución de la orina, los cuales constituyen síntomas de una enfermedad renal.
- No se puede regular la presión arterial y los líquidos, lo que provoca hipertensión o un aumento de la presión arterial.
- Si no se puede producir la hormona para los glóbulos rojos, se contrae anemia o disminuye la cantidad de hemoglobina.
- Si no se puede producir vitamina D, esto provoca pérdida ósea.
- Se produce hinchazón alrededor de los ojos, en las manos y en los pies.
- Puede aumentar la presión arterial al realizarse un examen físico.

Cómo se detecta la enfermedad renal.

La detección y el tratamiento tempranos de la enfermedad renal crónica son extremadamente importantes para evitar los problemas renales. Existen 3 pruebas simples que pueden ayudar en gran medida.

- Un análisis para detectar proteínas y sangre en la orina. Puede realizarse mediante el análisis de una muestra de orina que le dé a su médico. Cuando existe una lesión en las unidades de filtrado del riñón, los riñones comienzan a perder proteínas y sangre en la orina; esto puede verse únicamente a nivel microscópico.

- Un análisis del nivel de creatinina en la sangre. Su médico utilizará sus resultados junto con otros factores como su edad, raza, sexo y demás para calcular su índice de filtración glomerular (GFR). El GFR permite conocer cuánto funcionan los riñones.

- Un aumento de la presión arterial puede ser una señal temprana de enfermedad renal.

Si padece una enfermedad pulmonar avanzada, pregúntele a su médico acerca de su función renal. Es posible que lo derive a un laboratorio de análisis o incluso a un especialista para evaluar sus riñones.

Capítulo 10

Los pulmones y el tabaco

"Fumar es odioso para la nariz, perjudicial para el cerebro y peligroso para los pulmones".

Rey Jacobo I (1566-1625)

A esta altura, ya es plenamente consciente de que fumar daña los pulmones. Si fuma, dejar de hacerlo es lo primero y más importante que puede hacer para mejorar su calidad de vida, más que dieta, ejercicio, tomar medicamentos o rehabilitación. Es importante tener en cuenta que, sin importar la gravedad de su enfermedad pulmonar, fumar empeora la calidad de vida. Si usted no fuma pero lo hace alguna persona que viva con usted, incluso si no fuma dentro de la casa, podría tener un riesgo mayor de experimentar problemas relacionados con el tabaquismo. Incluso en la actualidad, el tabaco es la segunda causa global de muerte (después de la hipertensión) y es responsable de la muerte de uno de cada diez adultos en todo el mundo. A continuación, presentamos datos acerca del tabaquismo que ilustran la importancia de dejar el hábito para las personas con cualquier grado de enfermedad pulmonar.

Cómo saber cuán adicto soy al cigarrillo.

La mayoría de las personas que fuman pueden de cigarrillos fuman por día. Quizás también pueda decir qué tan adictos son al cigarrillo. A continuación, presentamos una simple escala para evaluar su nivel de adicción al cigarrillo.

Escala de dependencia a la nicotina de Fagerström

	0	1	2	3
¿Cuánto tiempo después de levantarse fuma su primer cigarrillo?	60 minutos después.	Entre 31 y 60 minutos después.	Entre 6 y 30 minutos después.	Dentro de los primeros 5 minutos.
¿Le resulta difícil abstenerse de fumar en los lugares en que está prohibido, por ejemplo iglesias, bibliotecas, cines etc.?	No.	Sí.		
¿Qué cigarrillo es el que más le costaría abandonar?	Todos los otros.	El primero de la mañana.		
¿Cuántos cigarrillos fuma por día?	10 o menos.	Entre 11 y 20.	Entre 21 y 30.	31 o más.
¿Fuma con mayor frecuencia durante las primeras horas después de levantarse que durante el resto del día?	No.	Sí.		
¿Fuma si está tan enfermo que debe permanecer en la cama la mayor parte del día?	No.	Sí.		

Heatherton TF, Kozlowski LT, Frecker RC, Fagerström KO. The Fagerström Test for Nicotine Dependence: a revision of the Fagerström Tolerance Questionnaire. Br J Addict. 1991 Sep;86(9):1119-27.

Puntuación de la escala de dependencia a la nicotina de Fagerström

Los tres puntos que se responden con "sí" o "no" tienen un puntaje de 0 (si la respuesta es negativa) y de 1(si la respuesta es afirmativa). Los tres puntos con múltiples opciones tienen un puntaje de 0 a 3.

0 a 2	Dependencia muy baja
3 a 4	Dependencia baja
5	Dependencia moderada
6 a 7	Dependencia alta
8 a 10	Dependencia muy alta

¿Qué le hace a mis pulmones fumar?

Daña las vías respiratorias.

- Las vías respiratorias se inflaman.
- Las pequeñas estructuras con aspecto de pelos, llamadas cilios, que generalmente se mueven hacia atrás y hacia adelante para quitar las partículas de las vías respiratorias dejan de funcionar con normalidad. El humo de tabaco paraliza los cilios de las vías respiratorias, que mueven las partículas hacia el exterior.
- Las vías respiratorias producen más moco, lo que puede provocar una tos crónica. Esto se denomina bronquitis crónica y forma parte de la enfermedad pulmonar obstructiva crónica (EPOC). Se tose y produce flema la mayor parte del tiempo.

Empeora la calidad de vida.

- Las vías respiratorias se estrechan, lo que dificulta el flujo de aire hacia afuera y hacia adentro.
- Provoca problemas para respirar y falta de aliento frecuente.
- Los sacos de aire de los pulmones, llamados alvéolos, se destruyen gradualmente.
- El oxígeno que se inspira pasa de los alvéolos al torrente sanguíneo por lo que, si los alvéolos se destruyen, los pulmones son menos capaces de proporcionarle oxígeno al cuerpo. Esto se denomina enfisema.
- Las actividades en las que la respiración es importante se vuelven cada vez más difíciles.
- Si no se deja de fumar, puede faltar el aliento incluso en reposo.

Causa la muerte.
- El 90 % de las muertes por EPOC se deben al tabaquismo.
- El 90 % de las muertes por cáncer de pulmón en los varones y casi el 80 % de las muertes por cáncer de pulmón en las mujeres

se deben al cigarrillo, ya que las sustancias tóxicas que contiene el humo del cigarrillo pueden provocar que las células de las vías respiratorias se vuelvan malignas.

- Fumar no solamente daña los pulmones, sino también otras partes importantes del cuerpo. Causa mal aliento, acelera el envejecimiento de la piel, disminuye la fertilidad y causa impotencia.

¿Por qué es tan adictiva la nicotina? Efectos inmediatos.

- Envía nicotina al cerebro dentro de 10 segundos.
- Hace sentir más relajado y alerta.
- Como uno disfruta la sensación, sigue fumando.

Solamente una pitada... Efectos a largo plazo.

- Cambia la estructura química del cerebro: este desea más nicotina para experimentar el mismo efecto.
- Uno se vuelve adicto: se asocia la rutina diaria con antojos para asegurarse de tener un flujo constante de nicotina.
- El papel de los cigarrillos cobra importancia en la vida ya que el cerebro constantemente busca una dosis de nicotina.

Beneficios de dejar de fumar.

Los niveles de sustancias tóxicas que se transportan a los pulmones por medio del humo del cigarrillo se reducen a los de una persona no fumadora dentro de unos días, lo que significa que los pulmones podrán recibir más oxígeno, que facilitará la respiración.

Después de algunas semanas, las vías respiratorias estarán menos inflamadas, lo que significa que tendrá menos tos, se producirá menos flema y le resultará cada vez más fácil hacer ejercicio.

El daño a largo plazo a los pulmones se interrumpirá en el momento en que deje de fumar. Los pulmones con daños graves no pueden regresar a la normalidad, pero al dejar de fumar antes de que se produzca un daño grave puede impedirse que empeoren enfermedades como la EPOC. Si permanece libre de tabaco:

- Se reducirá el riesgo de experimentar episodios de falta de aliento graves y de incapacidad o muerte por EPOC.
- Se reducen las probabilidades de desarrollar cáncer de pulmón. Después de 15 a 20 años, el riesgo de cáncer de pulmón se reduce sustancialmente, en comparación con las personas que siguen fumando.

Cómo puede dejar de fumar.

Fecha para dejar de fumar.

Nadie puede pretender que dejar de fumar sea fácil, pero si usted ha tomado la decisión de dejar, puede lograrlo. Es importante establecer una fecha en la que planee dejar de fumar (fecha para dejar de fumar) y prepararse mentalmente para alcanzar su objetivo propuesto. Utilice simples trucos para disminuir sus ganas de fumar y ayudarlo a dejar. Detecte desencadenantes e intente evitarlos. Considere una terapia de sustitución de la nicotina u otros agentes farmacoterapéuticos (Tabla 5). Si necesita información o ayuda, llame al 1-800 QUITNOW.

Otros consejos útiles para dejar de fumar:

No fume ninguna cantidad ni clase de cigarrillos. Fumar incluso unos pocos cigarrillos por día puede perjudicar su salud. Si intenta fumar menos cigarrillos pero no deja por completo, al poco tiempo, volverá a fumar la misma cantidad que antes. Fumar cigarrillos "bajos en alquitrán, bajos en nicotina" tampoco hace bien. Debido a que la nicotina es muy adictiva, cambiar a marcas con menos nicotina probablemente solo hará que con cada cigarrillo dé pitadas más largas, más fuertes y con mayor frecuencia. La única opción segura es dejar de fumar por completo.

Escriba el motivo por el que desea dejar de fumar. ¿Quiere sentir que tiene el control sobre su vida? ¿Estar más saludable? ¿Darles un buen ejemplo a sus hijos? ¿Proteger a su familia del humo? El deseo real de dejar de fumar es muy importante para su éxito. Se conoce ampliamente que los fumadores generalmente dejan de fumar después de una enfermedad que pone en peligro su vida, como el cáncer o un ataque cardíaco. Esto se debe a que de repente los incentiva un susto con respecto a su salud. Por lo tanto, encuentre un motivo para dejar de fumar antes de no tener elección.

Sepa que tendrá que esforzarse para dejar de fumar. La nicotina es adictiva. La mitad de la lucha consiste en saber que necesita dejar y esto lo ayudará a lidiar con los síntomas de la abstinencia. Debe darse un mes para superar estas sensaciones. Tómeselo de a un día por vez, de a un minuto por vez.

No se sienta mal si le demanda más de un intento. No existe una "cura" para el tabaquismo. Se asemeja más al manejo de una enfermedad crónica. La mayoría de las personas atraviesan ciclos de abstinencia y de retomar el hábito, lo que refleja la potencia de su adicción. Esto no representa un fracaso. La buena noticia es que cada vez que intenta dejar de fumar tiene más probabilidades de lograrlo. La ayuda psicológica y los medicamentos aumentan estas probabilidades. Combinar ambos es lo más efectivo. La mitad de todos los fumadores adultos ha dejado de fumar. La buena noticia es que usted también puede hacerlo. Si otros han tenido éxito, usted también puede lograrlo. Pida ayuda si lo necesita. Si necesita ayuda con información sobre productos para reemplazar la nicotina u otros medicamentos, hable con su médico o dentista.

Cómo evitar las recaídas en el tabaquismo.

- Recuérdese a sí mismo por qué ha dejado de fumar en primer lugar.
- Aléjese del área de fumadores.
- Manténgase ocupado para distraer su mente: el ejercicio diario es una buena "distracción" para promover la abstinencia continua y, al mismo tiempo, contrarrestar el aumento de peso.
- Beba mucha agua y respire profundamente.

Tener cuidado.

Algunos desencadenantes del tabaquismo únicamente se revelan después de que uno intenta vivir sin cigarrillos. Los trucos que funcionan para algunas personas podrían no funcionarle a otros. Por lo tanto, dejar de fumar puede requerir un enfoque de prueba y error. ¡No baje los brazos! Pídale ayuda a su médico o enfermero. Comuníquese con una línea de ayuda telefónica o a través de internet. Lo más importante es estar seguro de su decisión y seguir intentando.

Si no tiene éxito la primera vez, intente de nuevo…

La adicción a la nicotina es muy poderosa y únicamente entre el 5 % y el 10 % de los "intentos de dejar de fumar" son exitosos. Los síntomas de la abstinencia, tales como antojos, irritabilidad, incapacidad para dormir, cambios de humor, hambre y dolor de cabeza, que ocurren cuando el cerebro busca una nueva dosis de nicotina, son un motivo común de recaída y un tratamiento puede ser de ayuda.

Opciones de tratamiento

Los productos para reemplazar la nicotina, tales como goma de mascar, parches, inhaladores y pastillas, pueden ayudar a aliviar los síntomas de la abstinencia mediante la administración de pequeñas dosis medidas de nicotina. La evidencia muestra que los medicamentos para dejar de fumar pueden duplicar o incluso triplicar las probabilidades de poder abandonar el hábito. Una alternativa de tratamiento que los médicos recomiendan a los fumadores empedernidos son los fármacos sin nicotina, por ejemplo el bupropión de liberación prolongada (Zyban®) y el tartrato de vareniclina (Chantix®). También son eficaces para aliviar los antojos y los síntomas de la abstinencia. La idea de tomar un fármaco para eliminar un hábito adictivo puede poner nerviosas a muchas personas. Algunos temen efectos secundarios mientras que otros temen que una adicción reemplace a la otra. Pero el tabaquismo es tan peligroso para la salud que, incluso si se comparan las opciones (es decir, tomar un medicamento o seguir fumando), el uso de fármacos como ayuda para dejar de fumar casi siempre resulta más seguro (consulte la Tabla 7).

Cigarrillos electrónicos

Los cigarrillos electrónicos son sistemas electrónicos de administración de nicotina (*electronic nicotine delivery systems*, ENDS) diseñados para imitar y sustituir los elementos para fumar tradicionales, como cigarrillos o puros, en uso y/o apariencia. Generalmente, utilizan un calentador eléctrico que evapora un líquido. Algunos liberan nicotina mientras que otros solamente un vapor saborizado. Sustituyen el ritual de llevarse la mano a la boca al que están acostumbrados la mayoría de los fumadores. Los riesgos y los beneficios de los cigarrillos electrónicos son inciertos pero se los receta como un dispositivo para dejar de fumar.

Tabla 7: Medicamentos para dejar de fumar.

Medicamentos	Dosis	Duración	Efectos adversos
Vareniclina	1 mg dos veces por día	12 semanas, puede extenderse otras 12 semanas si se necesita otro intento para dejar de fumar	Náuseas
Bupropión de liberación prolongada	150 mg por día durante 3 días, luego 150 mg dos veces al día (empezar 1 o 2 semanas antes de dejar de fumar)	7 a 12 semanas, hasta 6 meses de mantenimiento	Insomnio, sequedad bucal; precaución: antecedentes de trastorno convulsivo
Goma de mascar de nicotina	Goma de marcar de 2 o 4 mg	Hasta 12 semanas	Llagas en la boca
Inhalador de nicotina	6 a 16 cartuchos por día	Hasta 6 meses	Irritación de la boca y la garganta
Aerosol nasal de nicotina	8 a 40 dosis por día	3 a 6 meses	Irritación nasal
Parche de nicotina	Parche de 7 a 21 mg	2 a 4 semanas	Irritación local de la piel, insomnio
Pastillas de nicotina	Pastillas de 2 a 4 mg	8 semanas	Llagas en la boca

Capítulo 11

Dieta y nutrición

"Toda enfermedad que pueda curarse con dieta no debe tratarse de otra forma".

Maimónides (1135-1204)

Una alimentación apropiada contribuye al bienestar general y es fundamental para las personas con enfermedad pulmonar crónica. Un cuerpo saludable puede combatir mejor las infecciones y, de este modo, evitar que simples resfriados se conviertan en infecciones pulmonares más graves. Si ocurre una enfermedad, un cuerpo bien nutrido ayuda a generar una mejor respuesta al tratamiento y, por lo tanto, a recuperarse más rápido. Puede realizar una consulta con un

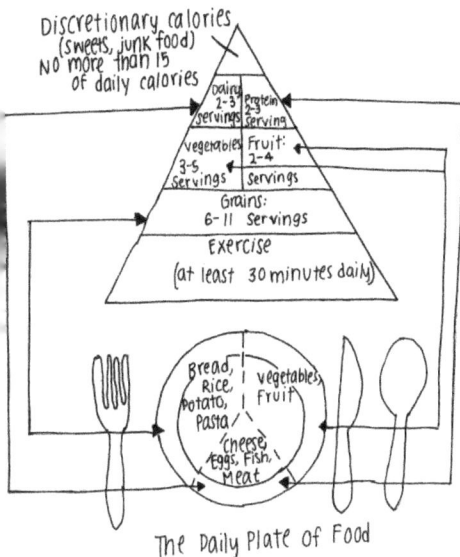

The Healthy Eating Pyramid

The Daily Plate of Food

The Healthy Eating Pyramid	Pirámide de alimentación saludable
Discretionary calories (sweets, junk food): No more than 15 of daily calories	Calorías a elección (dulces, comida chatarra): no más de 15 calorías diarias.
Dairy: 2-3 servings	Productos lácteos: 2 a 3 porciones.
Protein: 2-3 servings	Proteínas: 2 a 3 porciones.
Vegetables: 3-5 servings	Vegetales: 3 a 5 porciones.
Fruit: 2-4 servings	Frutas: 2 a 4 porciones.
Grains: 6-11 servings	Granos: 6 a 11 porciones.
Exercise (at least 30 minutes daily)	Ejercicio (al menos 30 minutos diarios)

nutricionista, en especial si posee problemas adicionales, como una enfermedad cardíaca o diabetes. En este capítulo, se analizan los aspectos generales. Consúltele a su médico acerca de sus necesidades particulares.

Bread, Rice, Potato, Pasta	Pan, arroz, papa, pastas
Vegetables, Fruit	Vegetales, frutas
Cheese, Eggs, Fish, Meat	Queso, huevo, pescado, carne
The Daily Plate of Food	Plato diario de comida

La alimentación y la enfermedad pulmonar

Una persona saludable debería apuntar a obtener entre el 45 y 65 % de sus calorías a partir de los carbohidratos. Las personas activas, entre el 55 y 65 %. Las personas saludables deberían obtener entre el 10 y 35 % de las calorías a partir de las proteínas. Las grasas también son esenciales para el bienestar, una persona saludable debería apuntar a obtener entre el 20 y 35 % de sus calorías a partir de ellas.

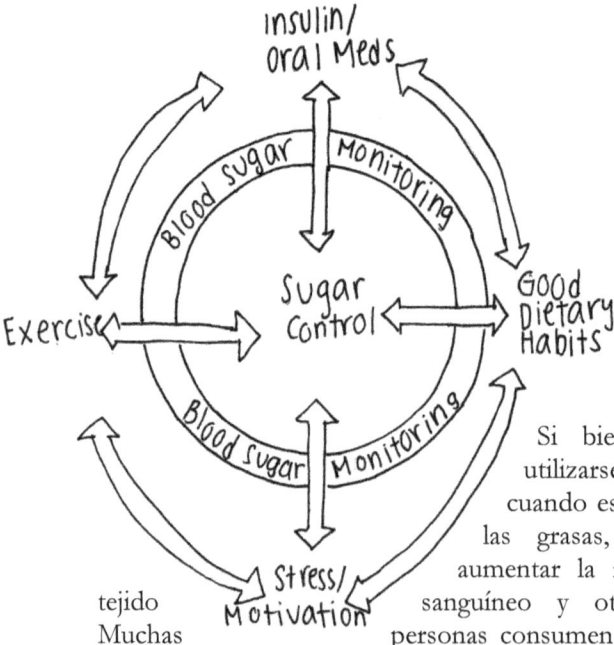

Insulin/oral meds	Insulina/medicamentos orales
Blood sugar monitoring	Medición del nivel azúcar en la sangre
Exercise	Ejercicio
Sugar control	Control del azúcar
Good dietary habits	Buenos hábitos alimentarios
Stress/motivation	Estrés/motivación

Proteínas

Si bien las proteínas pueden utilizarse para obtener energía cuando escasean los carbohidratos y las grasas, su papel principal es aumentar la masa muscular y fabricar tejido sanguíneo y otros tejidos del cuerpo. Muchas personas consumen productos cárnicos como fuente de proteínas. Es importante tener en cuenta que las carnes rojas, como la carne de res, se relacionan con un riesgo mayor de enfermedad cardíaca. Otras buenas fuentes de proteínas son los huevos, la carne de ave (carne blanca), la soja y el suero lácteo.

Carbohidratos

Los carbohidratos constituyen la fuente principal de energía del cuerpo. Pueden presentarse en forma de azúcares simples, como la sacarosa y la fructosa, o por medio de productos derivados del trigo, como panes y pastas. Comer más carbohidratos les proporciona más energía a los corredores pero también les proporciona más dióxido de carbono a los pacientes con antecedentes de enfermedad pulmonar.

Grasas

Las grasas son componentes comunes de muchos alimentos. Es importante tener en cuenta que no todas las grasas son malas ni se asocian al colesterol. Los alimentos con alto contenido de colesterol y grasas saturadas, en su mayoría, son de origen animal. Para diferenciar las grasas saturadas de las no saturadas, se puede observar su reacción ante determinadas temperaturas. Las grasas saturadas se solidifican a temperaturas frías, por ejemplo la mantequilla o la capa de grasa que cubre una sopa de pollo después de haber estado en el refrigerador. Las grasas poliinsaturadas no contienen colesterol. Estas grasas son de origen vegetal y permanecen líquidas a bajas temperaturas, por ejemplo el aceite de oliva.

Al consumir grasas, intente que sean de la clase poliinsaturada. Evite las grasas animales, como la mantequilla, y reduzca el consumo de carnes grasosas ya que son ricas en colesterol. Antes de comprar alimentos preparados, lea las etiquetas. Muchos de ellos mencionan el contenido de colesterol dentro de la tabla de ingredientes. Si puede elegir entre comprar un producto fabricado con mantequilla y uno fabricado con aceite de maíz, elija el último.

Más recientemente, como comunidad hemos tomado conciencia de un tipo diferente de grasas denominado grasas trans. Las grasas trans son un tipo de grasa no saturada que posee una configuración química diferente a las tradicionales grasas saturadas y no saturadas. Se crean mediante el procesamiento y la hidrogenación de las grasas no saturadas. Pueden encontrarse en forma natural en el reino vegetal y en determinados productos cárnicos, como la carne de res. Se las ha asociado a una mayor incidencia de enfermedades cardíacas. Dentro de lo posible, deben evitarse.

Tabla 8: Grasas saludables frente a grasas menos saludables.

Grasas saludables	Grasas menos saludables o no saludables
Grasas monoinsaturadas • Aceite de oliva. • Aceite de maní. • Aceite de sésamo. • Variedad de aceites de semillas y nueces: maní, almendra, nuez de macadamia, sésamo. • Aguacates, aceitunas. • Helado con alto contenido de grasas.	**Grasas saturadas** • Mantequilla. • Lardo. • Aceites tropicales, como el de coco, palma y palmiche y la manteca de cacao. • Carnes grasosas. • Leche entera.
Grasas poliinsaturadas • Aceite de maíz. • Aceite de soja. • Aceite de girasol. • Aceite de cártamo. • Aceite que se encuentra en el pescado, el salmón, el atún, la caballa, la sardina, el bacalao y las anchoas. • Variedad de aceites de semillas y nueces: nueces, calabaza, lino. • Pastas para untar saludables para el corazón, como Benecol y Take Control (si se ingieren dos o tres veces al día en lugar de la margarina o mantequilla habitual, estos productos podrían reducir el colesterol en un 14 por ciento).	**Grasas trans (hidrogenadas)** • Manteca. • Margarina dura en barra (lea las etiquetas). • Muchos productos horneados, en especial los procesados (lea las etiquetas): medialunas, rosquillas, panecillos dulces, galletas, papas, galletas saladas, bizcochos, tortas. • Muchas comidas fritas, como papas fritas, croquetas de pollo y croquetas de pescado.

Control de las porciones

El control de las porciones es una parte importante en cualquier dieta o plan de manejo del peso. El estómago se ha adaptado a una dieta y un estilo de vida por muchos años. Al ingerir una comida muy abundante, el diafragma no puede moverse tanto hacia abajo y, por lo tanto, los pulmones no se llenan bien. En lugar de realizar tres comidas abundantes al día, intente dividir sus alimentos diarios en cinco o seis porciones más pequeñas. De esta forma, el estómago no se llenará tanto después de cada comida. Puede comer menos en el desayuno, el almuerzo y la cena y complementar el resto de sus necesidades nutricionales del día con dos o tres bocadillos pequeños.

Peso corporal ideal

Es posible lograr tener una buena salud sin dejar de comer. Las pautas generales que debe seguir son: eliminar la comida chatarra y consumir suficientes proteínas (el Departamento de Agricultura de los Estados Unidos [*United States Department of Agriculture*, USDA] recomienda consumir entre 10 y 30 gramos por día). Las proteínas presentes en la dieta deben provenir de la carne de ave o la grasa saturada de origen vegetal, los alimentos ricos en sodio y los alimentos preenvasados.

La pérdida de peso es un problema común para los pacientes con enfermedad pulmonar avanzada. Esto se debe, en parte, a que se utilizan más calorías que las habituales para la respiración de rutina. Una persona con enfermedad pulmonar puede quemar, solamente respirando, una cantidad de calorías 10 veces mayor a la de una persona saludable. Es importante seguir las sugerencias anteriores para intentar alcanzar su peso corporal ideal.

Eliminación del sobrepeso

En el marco de una enfermedad pulmonar avanzada, es importante eliminar el sobrepeso. El trabajo respiratorio es mayor en determinadas afecciones como la EPOC y la hipertensión pulmonar y no es igual de eficaz en afecciones como la enfermedad pulmonar intersticial. Todo peso adicional podría empeorar la respiración. El aumento de masa no solamente aumenta el esfuerzo que deben realizar los pulmones, sino también el del corazón. El peso corporal adicional demanda una cantidad mayor de oxígeno y puede interferir en la respiración.

Adopte la costumbre de pesarse con regularidad. La balanza le dirá no solamente si está aumentando de peso, si no también si no está comiendo lo suficiente. Debe consultarle a su médico o nutricionista si continúa perdiendo peso al seguir la dieta recomendada. También se aconseja unirse a un grupo médico para adelgazar. Al considerar la pérdida de peso, es importante tener en cuenta que lo ideal es tener un IMC de 25. También debe mantener una dieta de entre 1200 y 1700 calorías y asegurarse de que un nutricionista le realice un seguimiento.

Aumento de peso en la enfermedad pulmonar avanzada

En ocasiones, resulta difícil mantener el peso corporal ideal con una enfermedad pulmonar avanzada. La falta de oxigenación provoca que el cuerpo pierda masa muscular. Es posible que su médico o nutricionista le sugiera beber un suplemento alimenticio líquido. Muchas personas con grandes necesidades nutricionales incorporan a su dieta un producto médico nutricional. Estos productos son tan nutritivos que pueden utilizarse para reemplazar una dieta completa en el caso de las personas que no pueden ingerir alimentos tradicionales o pueden incorporarse a los alimentos habituales en el caso de las personas que no comen lo suficiente.

Ingesta de sal y líquidos

Las pautas de la Administración de Alimentos y Medicamentos (FDA) de los Estados Unidos incluyen recomendaciones para la población general. Se ha recomendado que ninguna persona debe consumir más de 2300 miligramos de sal por día. Las personas de 51 años de edad o más y aquellos que son afroamericanos o poseen presión arterial alta, diabetes o enfermedad renal crónica no deben consumir más de 1500 miligramos por día.

En cuanto a la ingesta de líquidos, la cantidad de líquido del cuerpo se relaciona con el consumo de líquidos y, en particular, con la ingesta de sodio. La ingesta de sodio puede afectar en gran medida la retención de líquidos y podría aumentar la presión arterial y exacerbar la enfermedad cardiopulmonar. Recuerde que algunos alimentos están llenos de líquido. Por ejemplo, una copa de postre de gelatina posee casi la misma cantidad de agua que un vaso de jugo.

Consejos para disminuir la sal/el sodio

Es posible que la ingesta excesiva de sal/sodio provoque que el cuerpo retenga líquido. Este volumen adicional de líquido con frecuencia aumenta el volumen sanguíneo. Esto hace que resulte más difícil para su corazón hacer circular la sangre. La respiración podría dificultarse en compensación de las necesidades energéticas adicionales.

- Quite el salero de la mesa, utilícelo únicamente al cocinar.
- Condimente con hierbas y especias, cebolla, ajo y pimienta.
- Utilice carnes, frutas y vegetales frescos. Los alimentos procesados generalmente poseen un alto contenido de sodio.
- Lea las etiquetas de los alimentos y evite los productos que contengan las palabras sal, sodio, Na o bicarbonato de sodio dentro de los primeros tres ingredientes.
- Consúltele a su médico antes de utilizar sustitutos de la sal.

Reposo inmediatamente antes de comer

El momento en el que se hace reposo afecta en gran medida el momento en que se debe comer. Ingiera su comida principal temprano si generalmente está demasiado cansado como para comer más tarde. Evite los alimentos que provocan gases o hinchazón. Estos dificultan la respiración. Es posible que su nutricionista o médico le sugiera reemplazar algunos carbohidratos de su dieta por grasas debido a que ingerir grasas da como resultado una cantidad menor de dióxido de carbono que ingerir carbohidratos. Los alimentos como azúcar, caramelos, jalea, mermelada y postres con azúcar contienen muchos carbohidratos pero pocas proteínas, vitaminas y minerales. Al reemplazar algunos de estos alimentos por otros, según la sugerencia de su nutricionista, disminuye la cantidad de carbohidratos que no necesita. Otros alimentos tales como panes, vegetales y frutas también contienen carbohidratos pero también otros nutrientes importantes, por lo que es mejor seguir ingiriéndolos. Se pueden evitar algunos carbohidratos innecesarios en estos alimentos. Por ejemplo, si come frutas frescas o frutas enlatadas almacenadas en jugo o agua en lugar de almíbar.

A continuación, presentamos otras sugerencias para ayudarlo a limitar la cantidad de carbohidratos y aumentar la ingesta de grasas buenas:

- Ingiera una cantidad de calorías suficiente para alcanzar y mantener el peso corporal deseado.
- Ingiera menos alimentos con alto contenido de grasas. Entre ellos se incluyen: productos lácteos y cárnicos, comidas fritas, aceites, salsas, aderezos para ensalada, granola, galletas saladas y salsas para untar, comidas rápidas, alimentos precocinados y productos de pastelería comerciales.
- Utilice endulzantes artificiales.
- Lleve una dieta balanceada e ingiera una variedad de alimentos en cada comida. "Balanceada" significa ingerir una fuente de proteínas (productos lácteos o cárnicos, frijoles o arvejas), carbohidratos (frutas, vegetales, granos y almidones), grasas (aceite o margarina) y líquidos en cada comida.
- Sustituya las grasas saturadas por grasas poliinsaturadas siempre que sea posible. Las grasas saturadas generalmente son de origen animal y se encuentran en los productos lácteos y cárnicos (como mantequilla, queso crema, aderezos cremosos para ensalada, grasa visible y "oculta" en la carne, tocino, fiambres en conserva, salchichas y perros calientes, comidas fritas). Sin embargo, también existen grasas saturadas de origen vegetal, como las presentes en el chocolate o los aceites de coco y palma. Las grasas poliinsaturadas son únicamente de origen vegetal: aceites vegetales y margarina (en especial la margarina en tubo), frutos secos, aguacates, aceitunas y mantequilla de maní no hidrogenada. Coma más pescado, carne de ave y de ternera en lugar de carne de res, cordero y cerdo, y queso. Utilice margarinas y aceites de girasol, maíz, soja y algodón.
- Ingiera más carbohidratos complejos y menos azúcares simples, refinados. Algunos carbohidratos complejos son: frutas y vegetales frescos, cereales integrales y enriquecidos (pan, cereales, arroz, pastas, polenta, avena, salvado y trigo molido), papas, maíz, frijoles, arvejas y lentejas. Algunos azúcares simples son: azúcar, miel, mermelada, jalea, gaseosas, caramelos, galletas, tortas, alimentos y bebidas procesadas, cereales cubiertos con azúcar. Ingiera carbohidratos complejos para obtener vitaminas, minerales, energía, fibras, agua y menos calorías.
- Ingiera fruta envasada al agua o sin azúcar agregado.
- Ingiera mermeladas, jaleas y caramelos duros endulzados artificialmente.

- Si no está seguro con respecto a alguno de sus alimentos favoritos, pregúntele a su nutricionista si tiene un alto contenido de carbohidratos. Él puede sugerirle formas en que puede utilizar otros alimentos para equilibrar los carbohidratos de los alimentos que más le gustan.

Fibra

La fibra es una parte de los vegetales, las frutas, los cereales y los frijoles que transita por el tubo digestivo hacia el intestino grueso prácticamente sin digerirse. Ayuda en la función intestinal, el control del peso y podría jugar un papel en la reducción de los niveles de colesterol y de la absorción de carbohidratos. Algunos alimentos con alto contenido de fibra son:

- Cereales y panes integrales: salvado, trigo integral, centeno y pan de centeno.
- Frutas y vegetales frescos y ensaladas.
- Legumbres: garbanzos, lentejas, frijoles, arvejas, etc.

Bebidas

Beber entre 6 y 8 vasos de líquido por día ayuda a que el moco se mantenga diluido y que sea más fácil de eliminar por medio de la tos. Las bebidas que se recomiendan son: agua, jugos de fruta de bajas calorías, té o café descafeinado y leche. La leche no provoca que la saliva se espese, como muchos creen. El alcohol, las bebidas saborizadas y las gaseosas deben evitarse debido a que poseen muchas calorías y contienen poco valor nutricional.

Suplementos vitamínicos

No se necesitan suplementos vitamínicos si uno lleva una dieta balanceada. Si habitualmente lleva una dieta poco balanceada, quizás un multivitamínico le resulte beneficioso. Consúltele a su médico antes de comenzar un nuevo régimen de vitaminas.

Cambiar los hábitos

Gran parte del mantenimiento de su salud depende de usted. Al haber leído los capítulos anteriores, sabe que cambiar algunos hábitos para cuidarse mejor podría ser de ayuda para su enfermedad pulmonar. Quizás le gustaría cambiar algunas de sus costumbres pero está atascado y le resulta muy difícil comenzar. Cambiar las costumbres puede ser difícil. Sin embargo, puede aprender un enfoque "paso a paso" que lo ayudará a alcanzar sus objetivos.
Cómo puede empezar a cambiar sus hábitos.

Todo cambio involucra varias etapas:

- Consideración previa: quizás piensa que un cambio lo ayudaría pero no está preparado o interesado. Le parece que el cambio sería muy difícil de realizar.

- Consideración: piensa en hacer un cambio, pero no ya mismo. En esta etapa, los costos de realizar el cambio siguen superando a los beneficios.

- Preparación: está listo para realizar el cambio en los próximos treinta días. Ha confeccionado un plan viable y reunido lo que necesita para implementarlo.

- Acción: ha tomado cartas en el asunto y empezado una rutina nueva. Sin embargo, a veces lo tienta volver a sus hábitos anteriores.

- Mantenimiento: después de más de 6 meses de haber comenzado su nueva rutina, se ha acostumbrado a ella. Ya se ha convertido en un hábito.

Para cambiar una costumbre, debe darse cuenta en qué etapa está. Una vez que haya establecido su etapa actual, podrá avanzar.

Las perlas de la dieta y el manejo del peso

- Para limitar la cantidad de alimentos que consume en una comida, beba un vaso lleno de agua (235 ml, 8 onzas) inmediatamente antes de comer. El agua ocupará un poco de espacio en el estómago y lo expandirá, lo que activará los centros de la saciedad del cerebro. Esto engañará a su mente y le hará pensar que no necesita muchos más alimentos para saciarse.

- Beba entre seis y ocho vasos de agua por día. Una hidratación adecuada le permite al cuerpo eliminar todo el exceso de agua que se almacena en las células grasas. No solamente reducirá su peso líquido sino que su cuerpo funcionará de manera más eficaz.

- Comience a servir sus comidas en platos más pequeños. Por ejemplo, en lugar de utilizar un plato de comida de tamaño normal para cenar, utilice un plato de entrada o de postre. El objetivo de esto es engañar a la mente para que piense que ya ha ingerido una porción suficiente. Al querer repetir el plato, su mente le advertirá que está por ingerir una segunda porción.

- Corte los vegetales previamente en porciones del tamaño de bocadillos. Colóquelos en una bolsa Ziploc y guárdelos en la parte delantera y central del refrigerador. Esta técnica le permite abrir la nevera y agarrar con rapidez un bocadillo saludable y delicioso sin pensar demasiado. También impide que ingiera aperitivos no saludables, como helado o papas fritas y salsa para untar.

- Escríbales a todos los alimentos la cantidad de calorías que contienen con un marcador grueso. Esto le permitirá ver cuántas calorías ingerirá con cada uno antes de agarrarlo. Lo mismo se aplica a todos los artículos de la despensa y las comidas preparadas.

¿Qué es una porción?

Al pretender contar las calorías y controlar los tamaños de las porciones, es importante tener una idea de qué constituye una porción con exactitud. La mayoría de los productos alimenticios proporcionan su información nutricional en base a una porción. Una porción puede variar para los distintos alimentos. A continuación, presentamos una tabla que intenta simplificar qué constituye una porción.

¡Pueden utilizarse artículos hogareños cotidianos como guía para calcular porciones de tamaño saludable!

Artículo hogareño	Porción	Alimentos
Mazo de cartas	Entre 90 y 125 gramos (entre 3 y 4 onzas)	Carne de res, pollo, cerdo, salmón.
Chequera	~ 90 gramos (3 onzas)	Filete de pescado magro
CD	~30 gramos (1 onza)	Fiambres. Panqueques. Waffles.
Pelota de béisbol	1 taza	Pasta cocida Cereal frío Vegetales crudos
Pelota de tenis	½ taza	Vegetales cocidos Helado Porción de fruta

Pelota de golf	~2 cucharadas ~1/4 taza	Mantequilla de maní Frutas secas, nueces
4 dados	~30 gramos (1 onza)	Queso
Mouse de computadora	1 pequeña porción	Papa
El dedo pulgar	1 cucharada	Aceite de oliva Aderezos Mayonesa

Capítulo 12

Viajar con una enfermedad pulmonar

"Nadie viaja en el camino hacia el éxito sin uno o dos pinchazos".

Navjot Singh Sidhu (nacido en 1963)

Al igual que para cualquier otro aspecto de vivir con una enfermedad pulmonar avanzada, planear con anticipación y tomar precauciones le permitirán viajar con la mente liberada. Es bueno salir del hogar y disfrutar la vida.

¿Qué precauciones debo tomar al viajar?

- Cuando viaje solo, asegúrese de llevar poco equipaje y que este sea apropiado.
- Planee su recorrido con anticipación. Debe planificar un recorrido que reduzca el esfuerzo pulmonar y el consumo de oxígeno.
- Asegúrese de tener su celular con usted en TODO momento. Este podría ser su único salvavidas para pedir ayuda en caso de necesitarla.
- Viaje en los momentos en que el tráfico sea liviano para reducir el tiempo de traslado.
- En los viajes largos, debe ejercitar sus piernas cada una hora para evitar que se formen coágulos de sangre.
- Manténgase hidratado bebiendo bebidas sin alcohol ni cafeína.
- Al reservar un hotel u otro tipo de alojamiento, asegúrese de que cubra sus necesidades (ascensores, rampas, etc.).
- Antes de viajar a una ciudad en particular, confeccione una lista de clínicas, hospitales y centros de salud cercanos al lugar donde se alojará.

- De ser posible, compre vuelos directos. Esto le permitirá evitar las escalas donde podría no haber disponibilidad de oxígeno.

- Mantenga sus vacunas al día. Además, lleve un suministro adicional de sus medicamentos. Lleve con usted la cantidad suficiente de medicamentos para cubrir sus necesidades en caso de una demora larga o de pérdida del equipaje.

- Compruebe la cobertura de su seguro médico y la póliza de su seguro de viajes para asegurarse de que cualquier gasto médico que pueda tener esté cubierto.

- La caminata hasta la puerta de embarque puede ser larga y cansadora, pero puede solicitar una silla de ruedas o un carro eléctrico. Notifíqueselo a la aerolínea cuando realice su reserva y confirme su pedido el día de salida. Antes de abordar el avión, estará utilizando su propia unidad portátil de oxígeno. Es posible que necesite que un familiar o su proveedor de oxígeno recoja la unidad cuando la deje en la puerta de embarque.

- Lleve una lista actualizada de sus medicamentos cuando viaje.

- Lleve los números telefónicos de sus proveedores de asistencia médica, incluidos su médico, su terapeuta respiratorio y su proveedor de oxígeno.

- Viaje siempre con su identificación completa, incluida su información médica (brazalete de alerta médica, tarjeta de identificación del dispositivo, etc.).

¿Qué sucede con el transporte aéreo?

El transporte aéreo se ha convertido en algo común y corriente, incluso para los pacientes con afecciones médicas avanzadas. Es posible que algunos pacientes con enfermedad pulmonar avanzada requieran una evaluación adicional antes de viajar en avión. Todos aquellos cuya enfermedad pulmonar sea lo suficientemente grave como para requerir oxigenación quizás necesiten someterse a más pruebas pulmonares para evaluar si están preparados para volar. La prueba estándar de referencia para determinar si uno está preparado para viajar en avión se denomina prueba hipóxica de simulación de altura (*Hypoxia-Altitude Simulation Test*, HAST). Esta prueba determinará si es capaz de permanecer a las presiones atmosféricas reducidas relacionadas con el transporte aéreo a grandes alturas.

La presión de la cabina durante el viaje en avión puede afectar la salud y el bienestar de los pasajeros de muchas maneras, incluida la hipoxia hipobárica que afecta a las personas con afecciones respiratorias preexistentes tales como insuficiencia cardíaca. También puede provocar una expansión del gas dentro de las cavidades del cuerpo y los dispositivos médicos. A pesar de que los vuelos comerciales generalmente viajan a alturas de 5000 m sobre el nivel del mar, la cabina de pasajeros está presurizada a una altura de 1500 a 2500 m. La mayoría de las agencias reguladoras gubernamentales exigen que la altitud de la cabina no supere los 2400 m.

Su médico puede determinar si usted necesitará oxígeno durante el vuelo mediante la colocación de un oxímetro en su dedo para medir la cantidad de oxígeno presente en su sangre. Si la cantidad de oxígeno en su sangre es baja, existe el riesgo de que el nivel de oxígeno disminuya aún más y, para evitarlo, debe tener un suministro de oxígeno disponible durante el vuelo. Desde el año 2005, están disponibles los concentradores de oxígeno portátiles, que concentran el oxígeno del aire ambiental mediante la eliminación del contenido de nitrógeno, como alternativa a los tubos de oxígeno tradicionales. Los pasajeros necesitan una declaración de necesidad médica firmada por un médico y deben notificar a la aerolínea antes de viajar. Para obtener una lista de los dispositivos aprobados, consulte el sitio web de la Administración Federal de Aviación *(Federal Aviation Administration)* o pregúntele a su médico. En los Estados Unidos, desde 2008 y debido a una modificación de la Ley de Accesibilidad en el Transporte Aéreo (*Air Carrier Access Act*) realizada por el gobierno estadounidense en mayo, todos los transportistas aéreos con base en los Estados Unidos y los vuelos de transportistas aéreos extranjeros que empiezan o terminan en los Estados Unidos pueden acomodar a los pasajeros que necesitan concentradores de oxígeno portátiles.

Capítulo 13

La enfermedad pulmonar y la vida social

"La mayor enfermedad, hoy en día, es no sentirse amado".

Princesa Diana (1961-1997)

El diagnóstico de una enfermedad pulmonar crónica quizás lo haga sentir triste y preocupado sobre su futuro. Es posible que estos sentimientos se manifiesten en forma de depresión, lo que podría tener un efecto perjudicial para su salud general. La depresión es una afección causada por una combinación de factores psicológicos, físicos y, en algunos casos, genéticos. En la enfermedad pulmonar, las limitaciones físicas tienen un papel importante en el aluvión de pensamientos negativos que actúan como precursores del desarrollo de la depresión.

Los pacientes con enfermedad pulmonar y depresión tienen más probabilidades de que se los hospitalice debido a síntomas relacionados con los pulmones. La depresión también puede dificultar el cuidado propio y el manejo adecuado de la enfermedad. Al instalarse este sentimiento, quizás también se quiera dejar de combatir la enfermedad y de tomar los medicamentos. Podría pensar que no tiene sentido realizar ejercicio o que no es capaz de realizar el ejercicio suficiente como para hacer una diferencia. Todo esto puede empeorar su enfermedad pulmonar.

Depresión

Los síntomas de la depresión comúnmente se resumen con el acrónimo inglés SIG-E-CAPS. Para un diagnóstico de depresión, se deben tener 2 o más de los siguientes síntomas la mayoría de los días durante al menos 2 semanas:

- Cambios en el sueño: aumento del sueño durante el día o disminución del sueño a la noche.

- Pérdida de interés: en actividades que solían ser de interés.
- Culpa (desvalorización): las personas de edad avanzada deprimidas tienden a desvalorizarse a sí mismas.
- Falta de energía: síntoma habitual (fatiga).
- Cognición/concentración: cognición reducida y/o dificultad para concentrarse.
- Apetito (pérdida de peso): en general, disminución del apetito; en ocasiones, aumento del apetito.
- Agitación (ansiedad) o retraso (letargo) psicomotores.
- Pensamientos suicidas.

Manejo de la depresión

La depresión puede manejarse de muchas maneras. El primer paso hacia el manejo de la depresión es reconocer lo que se siente y buscar ayuda de forma activa. Quizás se la pueda controlar, de una manera conservadora, hablando con alguien. Esta persona podría ser un familiar o un psicólogo, o incluso podría asistir a una reunión de un grupo de apoyo. La depresión también podría manejarse con una terapia cognitivo-conductual (*cognitive behavior therapy*, CBT), una forma de psicoterapia que capacita a las personas para ver sus sentimientos de una manera más positiva y afrontar el estrés de vivir con una enfermedad crónica. Es posible que a algunas personas las terapias anteriores les resulten suficientes, pero otras quizás también necesiten medicamentos antidepresivos (consulte el Apéndice 5). Los medicamentos antidepresivos actúan mediante el cambio de la concentración de neurotransmisores (sustancias químicas que envían señales) en el cerebro. Estos medicamentos tardan un tiempo en alcanzar los niveles de eficacia y es posible que los resultados demoren hasta un mes en observarse. Con el transcurso del tiempo, estos medicamentos podrían ser capaces de restaurar su sensación de bienestar. Más recientemente, se ha demostrado que la actividad física mejora el bienestar mental. Al vivir con una enfermedad pulmonar avanzada, la actividad física podría beneficiar tanto a su salud mental como física.

Además, las relaciones sexuales conforman una parte importante de la vida social, el matrimonio y las relaciones. La enfermedad pulmonar avanzada puede desestabilizar por completo este aspecto de una relación y puede provocar que uno o ambos integrantes de la pareja crean que existe un problema. Conversen sobre esto; hablar es importante ya que permite mantenerse informado el uno al otro acerca de sus sentimientos. Recuerde que tener una enfermedad pulmonar avanzada no significa que la actividad sexual deba reducirse, restringirse o eliminarse por completo.

Capítulo 14

Problemas relacionados con el cuidado del enfermo

"El cuidado no posee planes secretos secundarios o motivos ocultos. El cuidado se brinda desde el amor por la alegría de dar sin expectativas, sin ataduras".

Gary Zukav (nacido en 1942)

Las personas a cargo del cuidado de pacientes con enfermedad pulmonar avanzada, con frecuencia sus padres o parejas, se hacen cargo de personas que están enfermas o incapacitadas. Generalmente, participan tanto de forma directa (citas médicas, medicamentos, etc.) como indirecta (haciendo las compras, cocinando, etc.) en el cuidado del paciente. Se estima que aproximadamente 60 millones de estadounidenses cuidan a otra persona, en alguna medida. La National Family Caregiving Association descubrió que el 61 % de las personas que cuidan enfermos durante al menos 20 horas por semana sufren depresión.

La depresión en los cuidadores se debe a la mezcla de factores médicos, sociales y económicos. Con frecuencia, las personas que cuidan a sus seres queridos se ven consumidas por sus responsabilidades y se olvidan de cuidar su propio bienestar físico y mental. La difícil naturaleza de encargarse del cuidado de pacientes con enfermedad pulmonar avanzada y sus comportamientos, como el enojo y la agresividad, podrían aumentar la incidencia de la depresión de la persona que los cuida más que la discapacidad cognitiva.

Las personas a cargo del cuidado pueden buscar la ayuda externa de asistentes de salud domiciliaria, en especial en situaciones de cuidado físicamente demandantes, o coordinar con otros miembros de la familia o con amigos para que los reemplacen cuando se tomen descansos regulares para desahogarse. También puede resultarles útil unirse a grupos de apoyo y averiguar si el hospital local ofrece asistencia de salud domiciliaria suplementaria, capacitación para las personas que cuidan a los pacientes u otros servicios.

No todas las personas reaccionan ante la responsabilidad de cuidar a un enfermo de la misma manera. Las personas que cuidan a su pareja son más propensos a sufrir estrés relacionado con el cuidado que aquellas que cuidan a otros miembros de la familia.

Señales y síntomas de estrés en las personas a cargo del cuidado de enfermos

- Cambio en los hábitos de sueño: dormir demasiado o muy poco.
- Cambio en los hábitos alimentarios: pérdida o aumento de peso (como resultado del cambio).
- Sensación de apatía, cansancio y fatiga.
- Pérdida de interés en las actividades que normalmente disfruta.
- Fastidiarse, enojarse o entristecerse con facilidad.

Obtenga la ayuda que necesita: averigüe acerca de recursos comunitarios para el cuidado de enfermos (servicios de transporte, enfermeros a domicilio). Quizás también quiera buscar ayuda y apoyo en grupos religiosos. Existe la posibilidad de que existan servicios de transporte disponibles también para usted.

Comuníquese con claridad: manténgase en contacto con amigos y familiares. Además, las actividades sociales pueden ayudarlo a sentirse conectado y podrían disminuir el estrés.

Tome descansos programados: hágase tiempo para realizar ejercicio e intente dormir lo suficiente. También es importante que vaya de a un día por vez.

Cuídese a sí mismo y acepte ayuda: es importante que no se olvide de priorizar, confeccionar listas y establecer una rutina diaria. Asegúrese de ver a un médico para realizarse revisiones de rutina y conversar acerca de los síntomas de depresión o enfermedad que pueda estar experimentando. No se olvide de hacer ejercicio con regularidad y llevar un estilo de vida saludable. Esté dispuesto a aceptar la ayuda de familiares, profesionales médicos y la comunidad.

¿Qué es la asistencia auxiliar?

La asistencia auxiliar hace referencia al bienestar mental y la atención a las necesidades de la persona a cargo del cuidado de otra. Las personas a cargo del cuidado de otra persona pueden buscar salidas o asistencia temporal de diversas maneras al tomar un "respiro" del cuidado de su ser querido. Algunos programas opcionales de asistencia para el cuidado directo de pacientes son: los servicios de asistencia de salud domiciliaria (servicios de enfermería a domicilio), los centros de atención diurna para adultos (centro para adultos mayores), las residencias geriátricas y los grupos de apoyo.

De manera similar, las personas a cargo del cuidado de otra pueden dirigirse a la comunidad para asistencia con respecto al transporte, las comidas, la atención diurna para adultos, la asistencia domiciliaria, servicio de limpieza y jardinería, modificaciones en el hogar, centros para adultos mayores, asistencia en un hospicio, grupos de apoyo y asesoramiento legal y financiero.

Capítulo 15

El manejo de la enfermedad pulmonar en el hogar

"No somos víctimas del envejecimiento, la enfermedad ni la muerte. Estos son factores que forman parte del escenario, no la persona, la cual es inmune a cualquier tipo de cambio. La persona es el espíritu, la expresión de la existencia eterna".

Deepak Chopra (nacido en 1947)

Como ayuda para el manejo de su enfermedad, primero debe hablar con los demás miembros de su familia acerca de lo que necesita para tener un buen día. Comience con la revisión de la siguiente información. Juntos, hablen con su médico o enfermero acerca de mantener a mano un suministro adecuado de los medicamentos recetados.

Esté siempre preparado:
- Siempre debe tener un suministro adecuado de sus medicamentos de rutina. Además, separe los medicamentos para tratar la falta de aliento, el dolor y la tos repentina.
- Identifique un representante para la asistencia médica (un familiar o amigo) o un apoderado para que lo ayude a tomar decisiones médicas urgentes.
- Complete un formulario de instrucciones anticipadas en caso de que no quiera que lo intuben ni/o recibir medidas de reanimación en situaciones de emergencia.
- Utilice un método de suministro de oxígeno adecuado (tubos, concentradores, suministros), si su médico le indica.
- Asegúrese de que sus dispositivos médicos (máquina de CPAP, máquina de nebulización, dispositivos de inhalación) durables siempre estén en condiciones de funcionar.
- Todos los números de teléfono importantes de médicos y familiares cercanos deben estar en el refrigerador y ser fáciles de encontrar.

Consejos para hacer frente a los episodios agudos de disnea

- Evalúe la gravedad del episodio según cuánta falta de aliento siente, en una escala del 1 al 10.

- Controle los cambios en el cuerpo que lo advierten de un episodio de falta de aliento mayor. Comuníquese con el proveedor de asistencia médica si la falta de aliento se modifica en frecuencia e intensidad. Si tiene asma, mida su tasa de flujo espiratorio máximo con un espirómetro. Si el valor es menor a su valor inicial, utilice un inhalador de dosis medida con inspiración sostenida y contención de la respiración. Realice un segundo disparo de dosis del medicamento y vuelva a medir su tasa de flujo espiratorio máximo. Infórmele a su proveedor de asistencia médica los valores que haya registrado, cuando se comunique con él.

- Utilice todas las técnicas que haya aprendido para disminuir la falta de aliento, como respiración con los labios fruncidos, relajación, respiración abdominal, posiciones, líquidos, abanicos y medicamentos, incluidos aquellos que se administran por medio de nebulizadores. Es posible que simples estrategias de relajación o meditación lo ayuden a relajarse y le posibiliten una respiración más lenta y profunda y, de esta forma, sentir que controla su respiración.

- Evalúe su respuesta a las estrategias y los medicamentos que haya probado. Si los síntomas no han mejorado notablemente, diríjase al consultorio de su médico, una clínica o una sala de emergencias sin demoras.

- Realice copias de todas sus llaves. Entierre una llave de su casa en un lugar secreto en el jardín o lleve una copia de la llave del auto en la billetera, además de llevar su llavero.

- Implemente el mantenimiento preventivo. Así, habrá menos probabilidades de que su auto, sus electrodomésticos, su casa y sus relaciones se rompan "en el peor momento".

- Postergar es estresante. Lo que quiera hacer mañana, hágalo hoy. Lo que quiera hacer hoy, hágalo ahora.

- Dese un margen de 15 minutos adicionales para llegar a las citas. Planee llegar a un aeropuerto dos horas antes de la salida para los vuelos de cabotaje.

- Haga preguntas. Tomarse unos minutos para repetir instrucciones recibidas, lo que alguien espera de usted, etc. puede ahorrarle horas.

No entre en pánico

Los episodios de falta de aliento u otros síntomas pueden ser alarmantes. Mantenga la calma e intente tranquilizar a su ser querido. Recuerde, la ayuda está solamente a una llamada de distancia. Llame al consultorio de su médico o al 911.

Al llevar un registro de la información básica, podrá proporcionarle a su médico informes precisos y actualizados, tanto por teléfono como en las visitas. Este registro no tiene que ser complicado. De hecho, cuanto más simple, mejor. Una libreta espiralada o un cuaderno para escribir le servirán. Pídale a su ser querido que tome el hábito de registrar la siguiente información de manera rutinaria:

- Factores que provocan falta de aliento (caminar, subir escaleras, ansiedad, infecciones de las vías respiratorias superiores, etc.).
- Una lista de los nombres de los medicamentos y las dosis, y una de todas las alergias.
- Otros síntomas para conversar con su médico, tales como el peso diario y la hinchazón de las piernas.
- Hinchazón de las manos, los tobillos y los pies.
- Mayor cansancio, dolor en el pecho, desmayos e interrupción del sueño.
- Episodios de falta de aliento que interrumpen el sueño.

Capítulo 16

Cuestiones relacionadas con el final de la vida

"La fe consiste en creer, cuando hacerlo está más allá del poder de la razón".

Voltaire (1694 – 1778)

¿Qué es un formulario de instrucciones anticipadas?

Un formulario de instrucciones anticipadas (es decir, un poder legal para la asistencia médica) es un documento legal en el que una persona especifica qué tipo de asistencia médica desea recibir en el futuro o quién quiere que tome las decisiones respecto a su asistencia en su nombre si se vuelve médicamente incapacitada para hacerlo. Esto le permitirá mantener el control sobre su propia asistencia médica en un momento en que usted mismo no pueda comunicarse.

¿Qué es un representante para la asistencia médica?

Un representante para la asistencia médica (también llamado apoderado) es una persona que usted nombra para que tome decisiones con respecto a la asistencia de su salud en su nombre cuando esté médicamente incapacitado para hacerlo. Si elige nombrar un representante para la asistencia médica, él o ella puede decidir cómo respetar sus deseos al cambiar su afección médica. Puede otorgarle a la persona que elija como representante para la asistencia médica la cantidad de autoridad que quiera, mediante la explicación de sus deseos en el formulario de instrucciones anticipadas. Asegúrese de que su representante para la asistencia médica sepa lo que es importante para usted. Un representante para la asistencia médica puede aceptar un tratamiento, elegir entre diferentes tratamientos y/o rechazar o interrumpir un tratamiento.

Nombrar un representante para la asistencia médica le permite controlar su tratamiento médico de las siguientes maneras:

- Le permite a su representante tomar decisiones con respecto a la asistencia de su salud en su nombre de la forma en que usted lo haría.

- Le da la posibilidad de elegir a una persona para que tome las decisiones con respecto a la asistencia de su salud en su nombre porque usted cree que tomaría las mejores decisiones respetando sus creencias y circunstancias médicas.

- Evita el conflicto o la confusión entre los integrantes de la familia y/o las parejas.

¿Quién necesita un formulario de instrucciones anticipadas?

Tener un formulario de instrucciones anticipadas y nombrar un representante para la asistencia médica es una buena idea para cualquier persona mayor de 18 años. A cualquier edad se puede estar demasiado enfermo o confundido como para tomar una decisión médica. Un representante para la asistencia médica puede actuar en su nombre si temporalmente usted no es capaz de tomar sus propias decisiones con respecto a la asistencia de su salud (por ejemplo, si se encuentra bajo anestesia general o si ha entrado en coma debido a un accidente). En el estado de Nueva York, únicamente el representante para la asistencia médica que usted nombre posee la autoridad legal para tomar decisiones con respecto a su tratamiento si no puede hacerlo usted mismo.

¿Quién puede ser un representante para la asistencia médica?

Cualquier persona de 18 años de edad o más puede ser un representante para la asistencia médica. Esta persona puede ser su cónyuge/pareja, un familiar, un amigo o cualquier otra persona en quien usted confíe para que tome decisiones con respecto a la asistencia de su salud en su nombre.

Cómo completar un formulario de instrucciones anticipadas.

Solicítele a su proveedor de asistencia médica un formulario de poder legal para la asistencia médica (Health Care Proxy) del estado de Nueva York. Si desea explicitar algún deseo o preferencia, o limitar la autoridad en cualquier forma, pídale a su proveedor de asistencia médica el formulario completo de poder legal para la asistencia médica del estado de Nueva York Otórguele una copia del formulario de poder legal para la asistencia médica a su representante para la asistencia médica, sus médicos, su abogado y cualquier otro familiar o amigo cercano.

¿Qué sucede si cambia de opinión?

Si decide cancelar su tarjeta de poder legal para la asistencia médica, cambiar la persona que ha elegido como representante o modificar cualquier instrucción o limitación que haya incluido en el poder legal, simplemente destruya la tarjeta, complete una nueva y avísele a todos aquellos que posean una copia.

Formulario de órdenes médicas para el tratamiento de soporte vital (*medical orders for life-sustaining treatment*, MOLST)

Respetar las preferencias de los pacientes es un paso crucial para proporcionar una asistencia de calidad al final de la vida. Los médicos y otros proveedores de asistencia médica utilizan el formulario MOLST con la creencia de que el paciente tiene derecho a decidir qué tratamientos quiere recibir en situaciones graves y relacionadas con el final de la vida. Es un formulario de color rosa brillante que le permite a los médicos y a los proveedores de asistencia médica, incluidos los servicios médicos de emergencia (*emergency medical services*, EMS), respetar sus deseos con respecto a recibir reanimación cardiopulmonar (RCP) o cualquier otro tratamiento de soporte vital. El formulario MOLST está pensado para que los pacientes con afecciones graves que no desean recibir ningún tratamiento de soporte vital permanezcan en un establecimiento de asistencia a largo plazo, tal como un hogar de ancianos, o puedan morir dentro del año. El primer paso para completar este formulario es hablar con su familia o su apoderado para la asistencia médica junto con un profesional de asistencia médica capacitado y calificado, quien le explicará los detalles para completar este formulario, además de las opciones de tratamiento. Si se muda de un estado a otro, todos los profesionales de asistencia médica tienen la obligación de respetar estas órdenes. Para obtener más información acerca del formulario MOLST, debe hablar con su proveedor de asistencia médica y/o consultar sitios web gubernamentales.

Duelo

El duelo es algo que todos experimentamos en algún momento de nuestras vidas. Conocer el sentimiento y saber cómo otras personas lo han afrontado puede servir de ayuda. El proceso de duelo ocurre muchas veces durante el transcurso de una enfermedad, tanto antes como después del fallecimiento de un ser querido. Presentamos algunas sugerencias acerca de cómo atravesar el duelo, maneras para hacer el luto por la persona fallecida y cómo hacer frente a los momentos difíciles, como los feriados, los cumpleaños y otras fechas de aniversario. Durante el transcurso de una enfermedad terminal, encontrará muchas piedras en el camino y con cada una de ellas, experimentará cierto grado de pérdida. Con la pérdida, en general, aparece el duelo y la tristeza. A continuación, presentamos algunas notas que ayudaron a otras personas a lidiar con su sufrimiento.

La soledad ayuda. Es posible que necesite tiempo para pensar en su ser querido, recordar los momentos que compartieron y reflexionar acerca de cómo será su vida de ahora en adelante. Quizás la pena lo abrume. Y quiera quedarse en la cama llorando o durmiendo, salir a caminar o sentarse en una capilla.

Busque a su familia y amigos. Estas personas probablemente lo entiendan. Incluso si no saben qué decirle, estar con otras personas y conversar puede servirle de ayuda. Acepte las invitaciones de los demás para participar en actividades, pero retírese si siente que lo necesita. Póngase en contacto con familiares o amigos cuando el día o la hora siguiente le parezcan insoportables.

La meditación ayuda. En un momento de aflicción emocional y mental, aclarar sus pensamientos quizás lo ayude en el proceso del duelo. Actividades como meditar o rezar podrían hacer que el proceso de duelo sea más llevadero.

Descansar y dormir ayudan. Cuidar a una persona moribunda es agotador. Es posible que necesite tiempo en soledad simplemente para recuperar su energía física, además de su fortaleza emocional y espiritual. Tener una rutina resulta útil. A pesar de que le parezca que su vida ha dado un vuelco, intente mantener una rutina de alimentación saludable, actividad física ocasional (aunque sea una caminata de 10 minutos) y sueño regular.

El tiempo ayuda. Es posible que su vida nunca vuelva a ser igual. Sin importar cuál haya sido su experiencia en relación a la muerte y al hecho de morir, se dará cuenta de que ve el mundo y su lugar en él de manera diferente. El tiempo alivia parte del dolor del duelo, pero no reduce la pérdida ni la tristeza.

Apéndice

Apéndice 1: Lista de antibióticos.

Antibióticos	Nombre genérico	Nombre comercial ®
Penicilinas	Penicilina V, G	
	Amoxicilina	
	Ampicilina	
	Amoxicilina/clavulanato	Augmentin
	Ampicilina/sulbactam	Unasyn
Resistentes a la penicilinasa	Nafcilina	
	Oxacilina	
	Dicloxacilina	
Antipseudomónicos	Piperacilina/tazobactam	Zosyn
	Ticarcilina/clavulanato	Timentin
Carbapenemas	Imipenem/cilastatina	Primaxin
	Meropenem	Merrem
	Ertapenem	Invanz
Monobactámicos	Aztreonam	Azactam
Cefalosporinas		
De 1.ª generación	Cefazolina	Ancef
	Cefalexina	Keflex
	Cefadroxilo	Duricef
De 2.ª generación	Cefotetán	Cefotan
	Cefoxitina	Mefoxin
	Cefuroxima	Ceftin
	Cefprozil	Cefzil
De 3.ª generación	Cefotaxima	Claforan
	Ceftriaxona	Rocephin
	Ceftazidima	Fortaz
De 4.ª generación	Cefepima	Maxipime
Fluoroquinolonas	Ciprofloxacina	Cipro
	Levofloxacina	Levaquin
	Moxifloxacina	Avelox
Aminoglucósidos	Gentamicina	
	Tobramicina	
	Amikacina	
Macrólidos	Azitromicina	Zithromax
	Claritromicina	Biaxin
	Eritromicina	
Tetraciclinas	Tetraciclina	

| | Minociclina | Minocin |
| | Doxiciclina | Vibramycin |

Apéndice 2: Lista de medicamentos que se utilizan para el asma y la EPOC.

Tipo de broncodilatador	Nombre genérico	Nombre comercial ®
Broncodilatadores para nebulizar	Albuterol	Ventolin, Proventil
	Arformoterol	Brovana
	Levalbuterol	Xopenex
Broncodilatadores HFA	Albuterol	Ventolin HFA, Proventil HFA, ProAir HFA
	Levalbuterol	Xopenex HFA
	Pirbuterol	Maxair
Broncodilatadores (anticolinérgicos)	Bromuro de ipratropio para nebulizar/HFA	Atrovent Neb/HFA
	Bromuro de tiotropio	Spiriva*
	Bromuro de aclidinio	Tudorza
Broncodilatadores (anticolinérgicos + beta agonistas)	Bromuro de ipratropio con albuterol	Combivent HFA*
Corticoesteroides	Metilprednisolona	Medrol
	Prednisolona	Orapred
Corticoesteroides inhalatorios	Beclometasona HFA	QVar
	Budesonida para nebulizar/DPI	Pulmicort Neb/DPI
	Ciclesonida HFA	Alvesco
	Flunisolida HFA	Aerospan
	Fluticasona DPI/HFA	Flovent DPI/HFA
	Mometasona	Asmanex
Medicamentos combinados (beta agonistas + esteroides)	Fluticasona/salmeterol DPI/HFA	Advair DPI/HFA
	Mometasona/Formoterol HFA	Dulera HFA
	Budesonida/Formoterol HFA	Symbicort HFA

Broncodilatadores beta 2 de acción prolongada	Salmeterol DPI	Serevent Diskus
	Formoterol DPI	Foradil

Apéndice 2: continuación.

Inhibidores de la fosfodiesterasa 4 (PDE-4)	Roflumilast	Daliresp
Estabilizadores de mastocitos	Cromoglicato sódico	Intal
Antagonistas del receptor de leucotrieno (*leukotriene receptor antagonist*, LTRA)	Montelukast	Singulair
	Zafirlukast	Accolate
	Zileuton	Zyflo
Anticuerpos monoclonales	Omalizumab	Xolair

HFA: hidrofluoroalcano, DPI: inhalador de polvo seco (*dry powdered inhaler*), * También disponible en forma de inhalador de neblina suave (*soft mist inhaler*, SMI) Respimat.

Apéndice 3: Vacunas recomendadas para los adultos.

http://www.cdc.gov

Vacuna	Entre 18 y 60 años de edad	Más de 60 años de edad
Vacuna contra la influenza	Una dosis anual	Una dosis anual
Vacuna contra la varicela	2 dosis	
Vacuna contra el herpes zóster		1 dosis
Vacuna antineumocócica polisacárida (PPSV23)	1 o 2 dosis	1 dosis (mayores de 65 años)
Vacuna antineumocócica conjugada 13-valente (PCV13)	1 dosis	
Vacuna contra el sarampión, las paperas y la rubéola (*measles, mumps, rubella*, MMR).	1 o 2 dosis	
Vacuna antimeningocócica	1 o más dosis	
Vacuna contra la Hepatitis A	2 dosis	
Vacuna contra la hepatitis B	3 dosis	

Apéndice 4: Lista de medicamentos sin insulina para la diabetes.

Tipo de medicamento	Vía	Cómo actúa	Programa de administración de dosis
Meglitinidas	Oral	Ayudan a que las células beta liberen insulina.	1 a 4 veces por día
Sulfonilureas	Oral	Ayudan a que las células beta liberen insulina.	1 o 2 veces por día
Biguanidas	Oral	Disminuyen la producción de azúcar en el hígado.	1 o 2 veces por día
Tiazolidinedionas	Oral	Ayudan a las células y los tejidos a utilizar la insulina.	1 o 2 veces por día
Inhibidores de glucosidasa	Oral	Desaceleran la digestión del azúcar	Antes de cada comida
Agonistas GLP-1	Inyectable	Ayudan a que las células beta liberen insulina, detienen la liberación innecesaria de azúcar por parte del hígado, desaceleran el vaciado del estómago.	Una o dos veces por día
Inhibidores de la DPP-4	Oral	Ayudan a que las células beta liberen insulina y disminuyen la secreción de glucagón.	Una vez por día

Apéndice 4a: Lista de regímenes de insulina para la diabetes.

Tipo de insulina	Cuándo se toma generalmente	Cuánto demora en comenzar a actuar	Efecto pico	Duración
Análogos de la insulina				
De acción	Antes de cada	15 min.	30 a 90 min.	3 a 5 h

rápida	comida			
De acción prolongada	30 min. antes del desayuno o de la comida de la noche	1 h	Constante	Hasta 24 horas
Premezcla (mezcla de insulina de acción rápida e intermedia)	Antes del desayuno y/o la comida de la noche	5 a 15 min.	Varía	Hasta 24 horas
Insulina humana				
De acción corta	30 minutos antes de las comidas	30 a 60 min.	2 a 4 h	5 a 8 horas
De acción intermedia (protamina neutra de Hagedorn, [*neutral protamine Hagedorn*, NPH])	30 min. antes del desayuno y/o la comida de la noche	1 a 3 h	8 horas	Hasta 24 horas
Premezcla (mezcla de insulina de acción corta [regular] y NPH)	30 min. antes del desayuno y/o la comida de la noche	30 a 60 min.	Varía	Hasta 24 horas

Apéndice 5: Lista de medicamentos para la depresión.

Tipo de medicamento	Nombre genérico	Nombre comercial®
Inhibidores selectivos de la recaptación de serotonina (*selective serotonin reuptake inhibitors*, SSRI)	Fluoxetina Sertralina Paroxetina Citalopram Escitalopram Fluvoxamina	Prozac Zoloft Paxil Celexa Lexapro Luvox

Inhibidores selectivos de la recaptación de norepinefrina (*selective serotonin reuptake inhibitors*, SNRI)	Venlafaxina Duloxetina Desvenlafaxina	Effexor Cymbalta Pristiq
Antidepresivos atípicos	Bupropión Mirtazapina Trazodona	Wellbutrin, Zyban Remeron Desyrel
Antidepresivos tricíclicos (*tricyclic antidepressants*, TCA)	Amitriptilina Clomipramina Desipramina Doxepina Imipramina Nortriptilina Protriptilina Maprotilina	Elavil Anafranil Norpramin, Sinequan, Adapin Tofranil Aventyl, Pamelor Vivactil, Triptil Ludiomil
Inhibidores de la monoaminooxidasa (MAO)	Isocarboxazida Fenelzina Tranilcipromina	Marplan Nardil Parnate

Información de contacto útil

American College of Chest Physicians
3300 Dundee Road
Northbrook, IL 60062-2348   (847)-498-1400
http://www.chestnet.org/

American Diabetes Association
1701 North Beauregard Street
Alexandria, VA 22311   1-800 DIABETES
http://www.diabetes.org

American Sleep Apnea Association
6856 Eastern Avenue NW Suite 203
Washington, DC 20012   1-888 293-3650
http://www.sleepapnea.org/

American Thoracic Society
25 Broadway, 18th Floor
New York, NY 10004   (212)-315-8600
http://www.thoracic.org/

Coalition for Pulmonary Fibrosis

10866 W. Washington Blvd #343
Culver City, CA 90232   1-888 222-8541
http://www.coalitionforpf.org/

Pulmonary Hypertension Association
801 Roeder Road, Ste. 1000
Silver Spring, MD 20910   (301)-565-3004
http://www.phassociation.org/

Pulmonary Fibrosis Foundation
230 East Ohio Street, Suite 304
Chicago, Illinois 60611-3201   1-888 733-6741
info@pulmonaryfibrosis.org

Scleroderma Foundation
300 Rosewood Drive, Suite 105
Danvers, MA 01923   (978)-463-5843
http://www.scleroderma.org

Alpha-1 Foundation
3300 Ponce de Leon Blvd.   1-877 228-7321
Coral Gables, Florida 33134
http://www.alpha1portal.org/

Programas de asistencia para pacientes

ASSIST (Access Solutions and Support Team)
United Therapeutics (Adcirca®, Tyvaso®, Remodulin®, Orenitram®)
1-877-864-8437 (www.unither.com)

Boehringer Ingelheim Cares Foundation Patient Assistance
Boehringer Ingelheim (www.boehringer-ingelheim.com)
1-800-556-8317

RSVP (Revatio® Reimbursement Solution Verification Payment)
Pfizer Pharmaceuticals (www.pfizer.com)
1-888-327-RSVP (7787)

LEAP (Letairis® Education and Access Program)
Gilead Sciences (www.gilead.com)
1-866-664-LEAP (5327)

TAP (Tracleer®, Ventavis® and Opsumit® Access Program)
Actelion Pharmaceuticals (www.actelion.com)
1-866-ACTELION (228-3546)

Aim Patient Support Program (Adempas® Assistance Program)

Bayer Pharmaceuticals (www.bayer.com)
1-855-4ADEMPAS (423-3672)

Medical Information Hotline (Esbriet®)
Intermune (www.intermune.com)
1-888-486-6411

OPEN DOORS Program (Ofev®)
Boehringer Ingelheim
1-866-673-6366

Farmacias especializadas

Accredo (www.accredo.com)
Teléfono: 1-866-344-4874
Fax: 1-800-711-3526
CuraScript (www.curascript.com)
Teléfono: 1-866-474-8326
Fax: 1-877-305-6745
CVS/Caremark (www.caremark.com)
Teléfono: 1-877-242-2738
Fax: 1-877-943-1000

www.ingramcontent.com/pod-product-compliance
Lightning Source LLC
Chambersburg PA
CBHW032002190326
41520CB00007B/322